Hilfsbuch

für

Wärme- und Kälteschutz.

———

Hilfsbuch

für

Wärme- und Kälteschutz.

Von

Ingenieur Andersen,

beim Amts- und Landgericht Dresden vereidigter
Sachverständiger.

Mit 3 Textfiguren.

Springer-Verlag Berlin Heidelberg GmbH 1910

ISBN 978-3-662-39027-6   ISBN 978-3-662-39999-6 (eBook)
DOI 10.1007/978-3-662-39999-6

Vorwort.

Das vorliegende Buch verdankt seine Entstehung einer Reihe von Arbeiten auf dem Gebiete der Wärmeschutzmittel, zu denen eine in Dresden neu begründete Firma im Jahre 1904 die erste Veranlassung wurde.

Das seitdem mit meinem Kollegen Benisch, von der städtischen Gewerbeschule in Dresden, gemeinschaftlich entwickelte und durchgeführte System der elektrokalorimetrischen Messungen[1] brachte weitere Anregungen, dem Bedürfnis nach Unterlagen entgegenzukommen, welche geeignet schienen, das allgemeine Verständnis für Isolierungsarbeiten zu unterstützen und dem Fachmann wie dem Kaufmann die rechnerische Behandlung des Gegenstandes für praktische Zwecke zu erleichtern.

Deshalb stellt sich die vorliegende Arbeit dar als ein Hilfsbuch, aus dessen Zahlentafeln gegebene und feststehende Werte ohne zeitraubende Rechnung innerhalb der in Wirklichkeit vorkommenden Grenzen entnommen und für die an durchgeführten Beispielen erläuterte Rechnungsart verwendet werden können.

Mit Rücksicht auf die geschäftlich-praktische Verwendung des Inhalts sind alle rein wissenschaftlichen oder verwickelten Rechnungsansätze vermieden; doch darf gesagt werden, daß sämtliche Voraussetzungen und Ergebnisse nicht nur mit den im Laufe der vergangenen sechs Jahre an ausgeführten Betriebsanlagen vielfach beobachteten Werten, sondern auch mit den Angaben der inzwischen erfolgten Veröffentlichungen von anderer Seite[2] in allen wesentlichen Punkten übereinstimmen.

Dient die vorliegende Arbeit dazu, dem Geschäftsmann Zeit und dadurch Geld zu ersparen, so hat sie ihren Zweck erfüllt.

Dresden, Juli 1910.

Ingenieur Andersen.

---

[1] Benisch und Andersen, Zeitschr. d. Ver. deutsch. Ing. 1906, S. 1655 u. 2045.

[2] Chr. Eberle, Versuche, ebenda 1908. — Nusselt, Versuche, ebenda 1908.

Inhaltsverzeichnis.

Zahlentafeln.

Allgemeines.

Unter Wärmeschutzmitteln werden allgemein Vorkehrungen verstanden, welche dazu dienen, abgeschlossene Räume gegen das Entweichen oder Eindringen von Wärme zu schützen, d. h. gegen Temperatureinflüsse zu isolieren.

Solche Isolierungen sind heute nicht nur ihrem wirtschaftlichem Wert nach allgemein bekannt, sondern überall da zu einer zwingenden Notwendigkeit geworden, wo die Erhaltung oder Abwehr gewisser Temperaturen von irgendwelcher Bedeutung ist.

Am meisten verbreitet ist ihre Verwendung bei Dampfanlagen. Der immer noch zunehmenden Steigerung der Temperaturen beim Betriebsdampf über das seiner Spannung entsprechende Maß hinaus (Dampfüberhitzung) hat auch die Herstellung von Isoliermitteln folgen müssen, welche ursprünglich zumeist aus Tier- oder Pflanzenstoffen (Kuhhaare, Stroh, Wollgewebe u. a. m.) bestanden, aber ihrer geringen Widerstandsfähigkeit halber in der Folge durch festeres Material ersetzt werden mußten.

Man kann sämtliche Arten in drei Hauptgattungen zerlegen:

1. Erzeugnisse aus den genannten organischen Stoffen,
2. solche aus anorganischen (mineralischen) Stoffen und
3. solche, bei denen beide vorstehenden Arten von Stoffen gemeinschaftlich verwendet sind.

Die Entstehung der letzten Gattung, also die Zusammensetzung bzw. Vermischung von organischen und anorganischen Stoffen, erklärt sich offenbar daraus, daß man die bessere Wirkung der einen, als schlechtere Wärmeleiter, mit der Festigkeit der anderen, minder schlechten Wärmeleitern, zu vereinigen suchte, um ein allen Anforderungen möglichst genügendes Erzeugnis zu erhalten.

Zwischen diese als einheitliches Gebilde erscheinende Mittel schoben sich in mancherlei Abwechslungen diejenigen, bei denen in Hohlräume eingeschlossene, stillstehende Luft die Wirkung, teilweise wohl auch die Widerstandsfähigkeit, gegen den zerstörenden Wärmeeinfluß erhöhen sollte.

Jede der vorgenannten Gattungen und Abarten hat für gewisse Verhältnisse ihre Daseinsberechtigung; die Auswahl unter den vielfachen Angeboten und Vorschlägen ist für den Verbraucher, sofern er über eigene Erfahrungen auf diesem Gebiet nicht verfügt, manchmal schwierig genug, selbst bei herstellenden Firmen, deren Ruf für ihre und ihrer Erzeugnisse Zuverlässigkeit bürgt.

Erfahrungsgemäß wird aber im Geben und Annehmen von Bürgschaften über Leistung und Wirkung bedauerlicherweise öfter

Fig. 1. Thermo-elektrische Versuchsanlage zur Untersuchung von Isoliermitteln.

gesündigt, als man glauben sollte, und zwar keineswegs der Not gehorchend, denn auch dem Verbraucher stehen heute ebensogut Wege offen, die ihm gebotenen Bürgschaften zu prüfen, wie der herstellenden Firma, Güte und Eigenart ihrer Erzeugnisse in zuverlässigster Weise feststellen zu lassen.

Denn die Schwierigkeiten, welche sich solchen Untersuchungen früher entgegenstellten[1]), dürfen seit Verwendung der elektrischen Energie in der eingangs erwähnten, von mir zuerst 1904 angewendeten Art als beseitigt gelten. Man ist imstande damit nicht **nur** im Innern der Versuchskörper jede Temperatur über **Luftwärme**

---

[1]) Rietschel, Zeitschr. d. Ver. deutsch. Ing. 1902, S. 959.

bis zur größten etwa vorkommenden Höhe in kurzen Zeit- und Zwischenräumen, sondern auch thermoelektrisch alle an jedem Teil des Versuchskörpers und in jeder einzelnen Schicht der Umhüllung entstehenden Temperaturen einwandsfrei und zuverlässig zu ermitteln, um sie auf Zahlentafeln und Kurvenbildern zu veranschaulichen und auf diese Art übersichtliche Vergleichsziffern über Wärmeverlust bzw. Wärmeersparnis sowie auch über den Wert einer jeden Einzelschicht (Unterstrich, Masse, Luftmäntel usf.) der gesamten Isolierung zu gewinnen.

Das Verfahren ist in der Hauptsache folgendes:

Eiserne Normalrohre von gleichem Durchmesser und gleicher Länge werden mit den zu untersuchenden Schutzmitteln in gleicher Stärke umkleidet und durch in der Mittelachse der Länge nach von einem Rohrende zum anderen eingespannte Metallbänder, welche elektrisch erhitzt werden, unter Zuführung einer bestimmten Wattmenge — 200, 400, 600, 800 Watt usf. — geheizt, bis der Beharrungszustand eintritt, d. h. bis die Innentemperatur nicht mehr steigt. Die entstehenden Einzeltemperaturen werden durch Thermoelemente ermittelt, deren elektromotorische Kräfte vermöge einer Kompensationsschaltung und des Spiegelgalvanometers gemessen und in gewissen Zwischenräumen — halb oder ganzstündlich — aufgezeichnet und in Temperaturgrade umgerechnet werden.

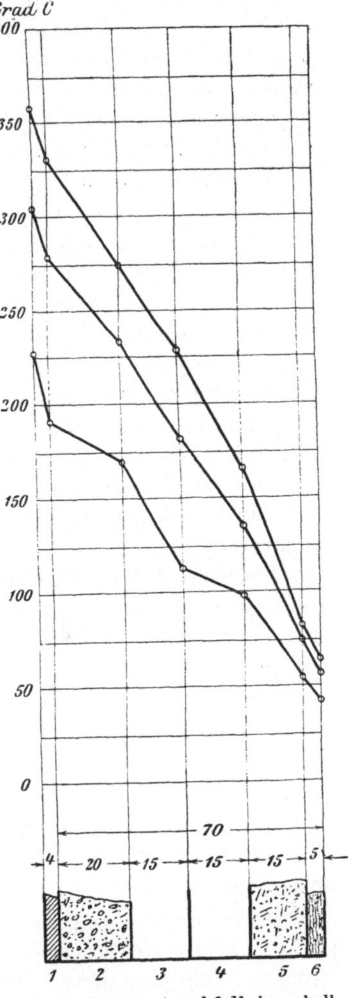

Fig. 2. Temperaturabfall innerhalb der einzelnen Schichten einer Isolierung.
1 Eisernes Rohr, 2 Unterstrichmasse, 3 Erster Luftmantel, 4 Zweiter Luftmantel, 5 Isolierstoff, 6 Außenhülle.

Die Thermoelemente werden überall dort angebracht bzw. während des Isolierens eingelegt, wo die Ermittlung der Temperatur von Wert sein kann, also im Innern und auf der Oberfläche des eisernen Rohrs, auf dem Unterstrich, in einer etwaigen Luftschicht, über dem eigentlichen Isoliermaterial und schließlich auf der Oberfläche. An allen Ermittlungspunkten außerhalb des Rohrinnern werden meist zwei Elemente — z. B. eins oben und eins unten — angebracht, aus deren angezeigten Ziffern auf Zahlentafeln und Zeichnungen die Mittelwerte eingetragen werden können.

Aus dem Verhältnis der, unter Zuführung gleicher Energiemengen, in den verschiedenen Rohren erreichten Endtemperaturen läßt sich alsdann der Wärmeverlust für die verschiedenen Isolierungsarten berechnen, dem Wärmeverlust des nakten Rohres gegenüberstellen und in Prozenten als Wirkungsgrad oder Wärmeersparnis für verschiedene Temperaturstufen, z. B. 100—150—200 usf. bis etwa 500°, ausdrücken.

Auf diese Weise habe ich mit meinem Kollegen Benisch im Laufe der letzten sechs Jahre über 20 größere Versuche mit mehr als 50 Einzeluntersuchungen ausgeführt, deren Zuverlässigkeit durch gelegentliche Nachprüfungen sich ohne Ausnahme hat nachweisen lassen.

Über die Unzuverlässigkeit und Schwierigkeit von Kondensatmessungen ist neuerdings anderweit so viel geschrieben [1]), daß wir von einem Eingehen auf dieses Verfahren absehen können, anderer Arten der Messung durch an die Oberfläche gehaltene oder gebundene oder darüber gehängte Thermometer, oder gar einen Vergleich durch Befühlen mit der Hand, nicht zu gedenken.

Am Schluß seiner jahrelangen diesbezüglichen sehr eingehenden Versuche berichtet Eberle [1]):

„Die üblichen Wasserabscheider und selbsttätigen Wasserableiter sind für die Durchführung von Wärmeverlustbestimmungen an Rohrleitungen unbrauchbar,“ und weiter:

„Andererseits zeigten diese Messungen aber auch, welche große Sorgfalt der Anbringung von Thermometern in den Rohrleitungen für überhitzten Dampf zuzuwenden ist, wenn auf zuverlässige Ergebnisse gerechnet wird.“

Zuverlässige Untersuchungen und Vergleiche werden stets nur im Laboratorium von geübten Fachleuten vorgenommen werden

---

[1]) Zeitschr. d. Ver. deutsch. Ing. 1908, S. 484, 485 u. **665** (zu 9).

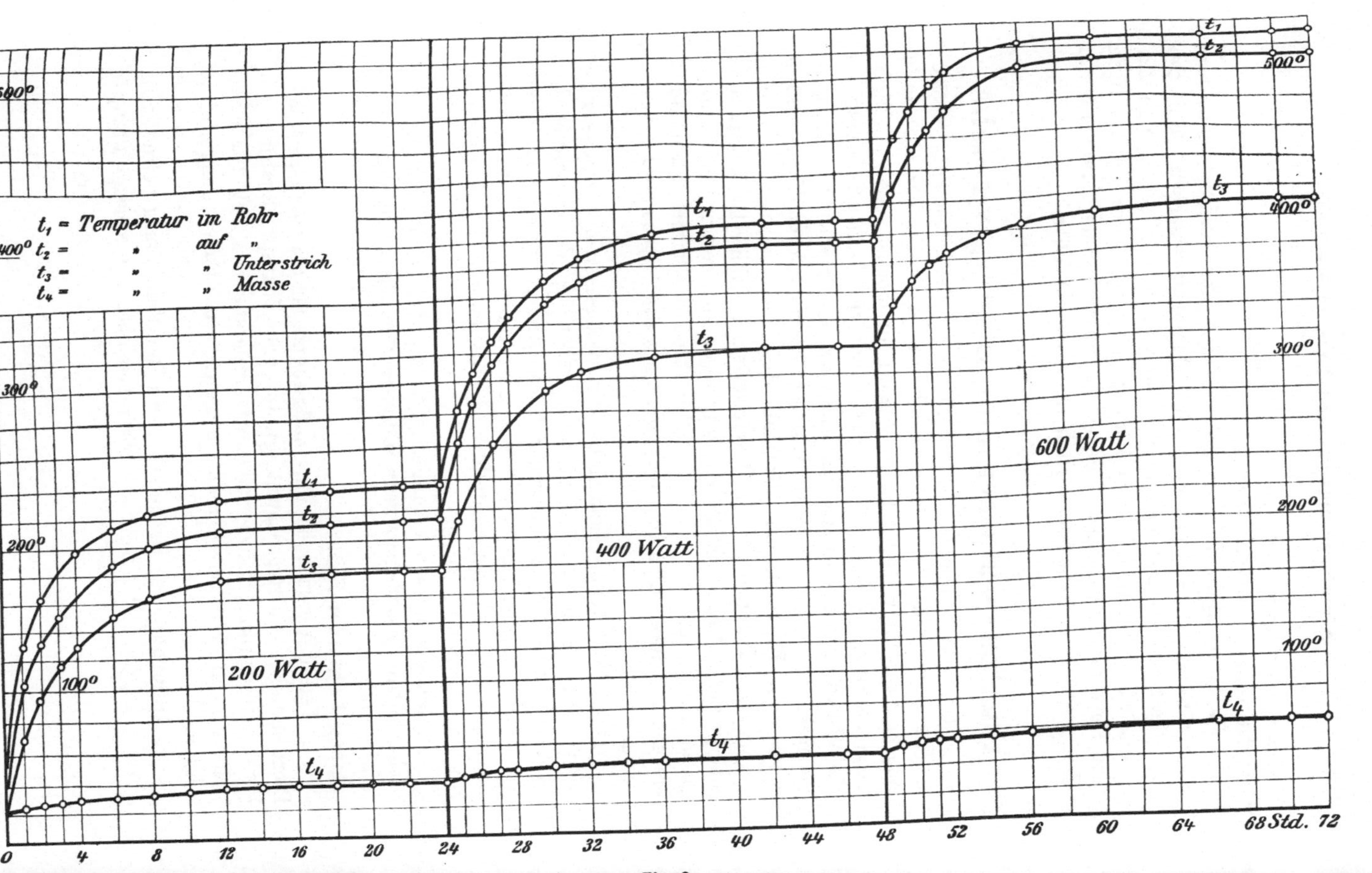

t_1 = Temperatur im Rohr
t_2 = " auf "
t_3 = " " Unterstrich
t_4 = " " Masse
200 Watt
400 Watt
600 Watt
500°
400°
300°
200°
100°
t_1
t_2
t_3
t_4
0 4 8 12 16 20 24 28 32 36 40 44 48 52 56 60 64 68 Std. 72

können, wo sich stets gleiche äußere, dem Zweck angemessene Verhältnisse herstellen lassen.

Es kann nicht dringend genug empfohlen werden, besonders bei umfangreichen Neuanlagen und Abnahmeversuchen, sich der Tätigkeit des unparteiischen Spezialisten zu bedienen. Die dadurch entstehenden Kosten können gegenüber der Vermeidung von Enttäuschungen und Widerwärtigkeiten und der Ersparnis an Zeit, Geld und Arbeit unmöglich ins Gewicht fallen.

Abnahmeprüfungen und Leistungsversuche.

Für ausgeführte Betriebsanlagen sind Messungen auf elektrokalorimetrischem Wege der ziemlich umfangreichen Vorkehrungen und kostspieligen Gerätschaften wegen nur höchst selten möglich; auch handelt es sich dabei meist nicht um Vergleiche zwischen der Wirkung verschiedener Schutzmittel — solche Untersuchungen gehören, wie gesagt, ins Laboratorium — sondern um Feststellung einer vom Ersteller bei Abschluß des Lieferungsvertrages eingegangenen Bürgschaft oder Verpflichtung, dahingehend, daß auf eine gewisse Länge der Rohrleitung oder eine bestimmte Flächengröße die Temperatur-Ab- oder -Zunahme der fortgeleiteten oder erzeugten Gase, Dämpfe usw. eine gewisse Grenze nicht überschreiten darf.

Diese Feststellung kann mit Hilfe zuverlässiger, in angemessenen Abständen eingebauter Thermometer geschehen, durch welche die an den verschiedenen Punkten, z. B. am Anfang und am Ende einer Rohrleitung, herrschende Innentemperatur durch eine ausreichende Anzahl von Messungen ermittelt wird, aus denen sich arithmetische Mittelwerte ziehen lassen.

Immerhin müssen auch diese Feststellungen mit Umsicht und Sachkenntnis geschehen, wenn nicht irrtümliche Folgerungen entstehen sollen. Unerläßlich ist dabei für Rohrleitungen die Beachtung folgender Punkte:

1. Jeder Versuch ist nur maßgebend für die vorausgesetzte Dampfmenge, Dampfgeschwindigkeit, volle Inanspruchnahme der Versuchsleitung, Anfangs- und Lufttemperatur und muß zur Feststellung von Mittelwerten auf angemessene Dauer ausgedehnt werden.

2. Innerhalb des Dampfweges an der Rohrleitung befindliche Abzweigungen und Anschlüsse irgendwelcher Art müssen dampf-

dicht und wärmesicher von der Leitung abgesperrt oder von anderweit her auf derselben Temperatur gehalten werden können, welche die Versuchsleitung an der Anschlußstelle hat.

3. Die Grenztemperatur der Thermometer muß höher liegen als die höchste Betriebstemperatur. Quecksilber ist nur bis zu einer bestimmten Grenze verwendbar. Die Thermometer müssen von Zeit zu Zeit nachgeprüft und ausgewechselt werden können.

4. Die Hülsen für die Thermometer müssen so angebracht sein, daß die Quecksilberstufe in der Mitte des Rohrquerschnitts und des Dampfstromes liegt. Als Länge des Dampfweges in einem Rohrstrang gilt die Entfernung zwischen den Thermometern, auf der Längsachse der Rohrleitung gemessen.

Der zuverlässigste und einfachste Weg zur Ermittelung des bestgeeigneten der zur Auswahl stehenden Schutzmittel wird aber stets eine Prüfung im eingearbeiteten Laboratorium v o r Vergebung der Lieferungen und Ausführung der Anlagen bleiben.

Wärmemessung.

Die Wärmemessung geschieht nach Wärmeeinheiten (WE) oder Kalorien, und wir verstehen unter 1 WE diejenige Wärmemenge, welche nötig ist, um die Temperatur von 1 kg Wasser von 0^0 C auf 1^0 C zu erhöhen.

Die Wärmemenge, welche nötig ist, um die Temperatur eines Stoffes von 1 kg Gewicht um 1^0 C zu steigern, heißt s p e z i f i s c h e W ä r m e. Nimmt man die spezifische Wärme des Wassers feststehend $= 1$ an, so enthalten 20 kg Wasser von 5^0 oder 5 kg von $20^0 = 100$ WE.

Wird diese Wassermenge von 20^0 auf 12^0 abgekühlt, so verliert sie $5 \times (20-12) = 40$ WE und enthält noch $5 \times 12 = 60$ WE.

Die spezifische Wärme für gleichen Druck ist für:

atmosphärische Luft $= 0{,}2377$ WE für 1 kg oder $0{,}31$ WE für 1 cbm,

gesättigten Wasserdampf $= 0{,}4806$ WE für 1 kg,

überhitzten Dampf veränderlich (s. S. 31) und von Temperatur und Dampfdruck abhängig,

Wasser $= 1$ WE für 1 kg oder 1000 WE für 1 cbm.

Der W ä r m e v e r l u s t eines nakten eisernen Rohres in WE

für eine mittlere Dampfgeschwindigkeit von etwa 25 Sekm und
20° C Außentemperatur ist nachstehend zusammengestellt[1]:

Dampftemperatur	100	125	150	175	200	225	250
Stündl. Wärmeverlust von 1 qm Rohroberfläche WE	945	1300	1720	2170	2660	3220	3800

Dampftemperatur	275	300	325	350	375	400
Stündl. Wärmeverlust von 1 qm Rohroberfläche WE	4460	5180	5950	6750	7700	8740

Ein elektrisch geheiztes, geschlossenes, luftgefülltes Rohr mit
leichter Rostschicht hat folgenden Wärmeverlust:

Innentemperatur	100	125	150	175	200	225	250
Stündl. Wärmeverlust von 1 qm Rohroberfläche WE	480	705	930	1205	1480	1875	2270

Innentemperatur	300	350	400	450	500	550	600
Stündl. Wärmeverlust von 1 qm Rohroberfläche WE	3370	4660	6060	7500	8950	10460	11960

Der Wert der aus Brennstoffen erzeugten und durch geeignete
Isolierung ersparten Wärme läßt sich wie folgt ausdrücken:

Es sei der Preis mitteleuropäischer Kohle mit fünffacher Ver-
dampfungsfähigkeit = 1,5 Mk. für 100 kg, so kosten 1000 kg Dampf =

$$\frac{1000 \times 1,5}{5 \cdot 100} = 3 \text{ Mk.}$$

Diese 1000 kg Dampf enthalten bei 200° Temperatur (S. 10)
rund $100 \times 666 = 666\,000$ WE. Ein Quadratmeter nicht isoliertes

---

[1] E b e r l e . Zeitschr. d. V. deutsch. Ing.. 1908. S. 629.

Eisenrohr würde bei dieser Temperatur stündlich 2660 WE abgeben oder in 300 zehnstündigen Betriebstagen:

$$2660 \times 300 \times 10 = 7\,980\,000 \text{ WE.}$$

Diesen Verlust kann man durch Isolierung auf etwa 25% ermäßigen; man könnte also ersparen:

$$7\,980\,000 \times 0,75 = 5\,985\,800 \text{ WE.}$$

Die Verdampfungswärme bei Dampf von 200° beträgt (S. 10) rund 466 WE, man hätte also erspart:

$$\frac{5\,985\,800}{466} = \text{rund } 12\,845 \text{ kg Dampf oder in Geld:} \quad \frac{12\,845 \times 3}{1000} = \text{rund}$$

38 M. jährlich für jeden Quadratmeter der Rohr- oder Kesseloberfläche, wogegen der Preis für 1 qm Isolierung eine inmalige Ausgabe von etwa 15 M. verursachen würde.

Aus neueren kalorimetrischen Versuchen nach dem eingangs erwähnten Verfahren haben sich folgende Werte ergeben für die

Wärme- bzw. Kondensatersparnis gegenüber dem Verlust des nakten Rohres in Prozenten = Wirkungsgrad der Isolierung bei 60 bis 70 mm Isolierstärke:

Nr.	Innentemperatur. Grad C.							
	150	200	250	300	350	400	450	500
1	77,0	79,5	81,8	84,0	86,2	87,2	88,4	89,4
2	83,77	85,17	86,57	87,81	89,05	89,70	—	—
3	77,8	79,6	81,5	83,6	85,8	86,7	87,6	88,1
4	81,0	82,4	83,8	85,7	87,6	88,6	89,6	90,4
5	79,0	81,8	83,7	86,4	87,9	89,5	90,3	90,8
6	83.3	85,0	86,8	89,3	90,5	91,5	92,0	92,5
7	76,0	78,6	81,1	83,6	85,3	86,3	87,0	87,8
8	85,7	86,6	87,6	88,5	89,0	89,0	88,8	88,3
9	79,7	82,2	84,6	87,0	88,4	89,3	89,9	90,0
10	83,5	85,0	87,3	88,5	89,9	90,6	91,1	91,4

Für gewöhnliche Ausführungen und eine Isolierstärke von 50 mm kann man folgende Mittelwerte einsetzen:

Innentemperatur Grad C.	100	150	200	250	300	350	400	450	500
Wärmeersparnis %	65	70,5	75,5	80,5	83,5	86	86,5	87	88

Dampftafel I.

Verdampfungswärme r = Anzahl der zur Verdampfung von 1 kg
Flüssigkeit bei unveränderlichem t und p nötigen WE.
Werte für Dampf von geringerer Spannung auf S. 37.

| Dampfdruck p | | Tem-peratur t | Gesamt-wärme von 1 kg, WE | 1 kg G hat cbm V | 1 cbm V hat kg G | Ver-dampf-ungs-wärme r in WE |
Überdr. qcmkg	absol.					
0	1	99,09	636,72	1,713	0,583	537,15
1	2	119,57	642,97	0,892	1,120	522,60
2	3	132,80	647,00	0,609	1,639	513,15
3	4	142,82	650,06	0,465	2,147	505,96
4	5	150,99	652,55	0,377	2,648	500,07
5	6	157,94	654,66	0,371	3,142	495,05
5,5	6,5	161,08	655,63	0,294	3,386	492,78
6	7	164,03	656,53	0,274	3,630	490,64
6,5	7,5	166,82	657,38	0,257	3,874	488,62
7	8	169,46	658,18	0,242	4,115	486,69
7,5	8,5	171,98	658,95	0,229	4,356	484,86
8	9	174,38	659,69	0,217	4,596	483,11
8,5	9,5	176,68	660,39	0,206	4,836	481,43
9	10	178.89	661,06	0,196	5,073	479,82
9,5	10,5	181,01	661,71	0,187	5,312	478,27
10	11	183,05	662,33	0,179	5,549	476,77
10,5	11,5	185,03	662,93	0,172	5,785	475,32
11	12	186,99	663,52	0,165	6,020	473,92
11,5	12,5	188,78	664,08	0,159	6,255	472,57
12	13	190,57	664,64	0,153	6,488	471,25
12,5	13,5	192,31	665,16	0,147	6,726	469,97
13	14	194,00	665,69	0,143	6,957	468,73
13,5	14,5	195,64	666,17	0,138	7,193	467,52
14	15	197,24	666,66	0,134	7,425	466,34
15	16	200,32	667,60	0,126	7,943	465,2

Wärmeleitzahl.

Wir verstehen darunter eine Ziffer (Koeffizienten) (k), welche
diejenige Wärmemenge angibt, die bei 1° C Temperaturunterschied durch einen (aus irgendwelchem Material bestehenden)
Würfel von 1 m Seitenlänge stündlich hindurchgeht.

Wie neuere Ermittlungen [1] ergeben haben, ist diese Zahl für
verschiedene Temperaturen nicht dieselbe, sondern steigt mit
deren Zunahme.

---

[1] Benisch u. Andersen, Z. d. V. deutsch. Ing. 1906, S. **1663.**
Eberle, ebenda 1908, S. 481 u. ff.

Die noch häufig genannten niedrigen früheren Werte dieser Zahl erklären sich daraus, daß sie Versuchen entnommen sind, welche mit Dampf von vermutlich wenig mehr als 100°, also sehr geringer Temperatur, angestellt wurden, und ferner, daß eine willkürliche Erhöhung dieser Temperatur der damit verbundenen Schwierigkeiten wegen unterblieb.

Nachdem durch das elektrisch-kalorimetrische Verfahren (vgl. S. 5) eine beliebige und schnelle Steigerung der Innentemperatur möglich geworden ist, können diese Werte für die einzelnen Temperaturstufen aufgestellt und rechnerisch verwertet werden. Sie lassen sich für die verschiedenen Isolierstoffe berechnen aus dem Ansatz von Fournier:

$$k = \frac{d \cdot W}{(t_o - t)\,F}.$$

Darin bedeutet:

d = die Wandstärke in m,

W = die stündlich durch einen Würfel von 1 m Seitenlänge hindurchgehende Wärmemenge in WE,

t_o und t = die Temperaturen an den beiden Oberflächen der Wand in Grad Celsius,

F = die mittlere (Wärmedurchgangs-)Fläche des Versuchskörpers in qm.

Obwohl dieser Ansatz streng wissenschaftlich nicht ganz genaue Werte gibt, weil er sich' auf den Wärmedurchgang durch eine gerade Wand von ganz gleichartigem Material bezieht, so kann er doch für praktische Rechnungen im vorliegenden Fall unbedenklich angewendet werden, zumal nach Nusselt[1] „alle daraus rechnerisch gezogenen Schlußfolgerungen durch die Erfahrung bestätigt wurden".

Man hat dabei zu unterscheiden, ob der Wert k für die ganze auf der Rohroberfläche befindliche Isolierschicht gelten soll oder für jedes einzelne Material (z. B. Unterstrich, Luftmäntel, eigentliche Isolierhülle, Umwicklung u. a. m.).

Im letzten Fall müßte dann der Wert k für jede auf das Rohr aufgebrachte Materialschicht und für die eiserne Rohrwand besonders ermittelt werden. Bei Isolierungen aus Kieselgur, Diatomit, Calorit und ähnlichem wird die Berechnung wesentlich erleichtert, wenn man den Wert k für die ganze Isolierschicht gelten läßt und der Sicherheit wegen nicht zu niedrig einsetzt.

---

[1] Wärmeleitfähigkeit von Wärmeisolierstoffen, Berlin 1908, S. 14.

Ist die Wärmeleitzahl einer Masse nicht bekannt, so kann man für gute Isolierungen im Mittel einsetzen:

	Innentemperatur in Grad C							
	100	150	200	250	300	350	400	450
$k =$	0,065	0,070	0,075	0,08	0,085	0,90	0,095	0,100

Der Wärmeverlust (die Wärmeübertragung) aus dem Rohrinnern an die Außenluft erfolgt durch die beiden Vorgänge der Fortleitung und der Ausstrahlung. Für diese ist eine Strahlungs- bzw. Sicherheitsziffer K in Rechnung zu bringen, welche von der Oberfläche der Rohrumhüllung und der Güte der Ausführung abhängig ist und bei hartem Isoliermaterial mit 1,5 bis 2,0 eingesetzt werden kann.

Die Ziffern k und K ändern sich nach den bisherigen Erfahrungen nicht wesentlich unter dem Einfluß von Luftmänteln und Luftschichten. Daß diese mehr dem Schutz des Isoliermaterials als der Erhöhung seiner Wirkung dienen, war schon vor Jahren die Ansicht des Professors Rietschel-Berlin[1].

Bei Calorit[2] ergaben die Versuche sogar, daß die Luftschicht die Wirkung beeinträchtigt, und Nusselt schreibt auf S. 81 seiner Doktorschrift über Luftmäntel:

„Für Temperaturen unter 100° C kann (wenn die Luft im Mantel dicht eingeschlossen ist, wogegen in Wirklichkeit wegen Undichtheiten vermehrter Wärmeverlust stattfindet) damit eine ganz gute Isolierung erzielt werden, aber bei hohen Temperaturen, z. B. bei Heißdampfleitungen, sind Luftmäntel unbrauchbar wegen der starken Zunahme der Strahlungsenergie mit der Temperatur. — Luftmäntel werden von einigen Firmen bei Isolierungen an Dampfleitungen verwendet, hauptsächlich um das Isoliermaterial vor Temperaturen zu schützen, die es zerstören würden."

Die Stärke d der Isolierschicht kann man allgemein wählen wie folgt:

---

[1] Z. d. V. deutsch. Ing., 1902, S. 959.
[2] Benisch u. Andersen, ebenda 1906, S. 1660.

Temperatur Grad C	150	200	250	300	350	400
d in m	0,03	0,04	0,05	0,06	0,07	0,08

Für Rohre bis zu 26 mm Außendurchmesser wird eine Isolierschicht von 20 bis 25 mm in den meisten Fällen ausreichen, wogegen bei Dampfmaschinen der ganze Raum zwischen Zylinderoberfläche und Blechverkleidung mit Masse oder Formstücken bis zu 200 mm Stärke und darüber ausgefüllt wird.

Flächenberechnung.

Nachstehende Rohrtafel enthält für normale Rohrdurchmesser die bei verschiedener Isolierstärke auf einen laufenden Meter Rohr entfallenden Quadratmeter Isolierung auf deren Umfang gemessen.

Demnach beträgt die Oberfläche der Isolierung einer 50 m langen Rohrleitung von 150 mm Innendurchmesser mit 50 mm starker Isolierschicht und 0,814 m Umfang:

$$50 \times 0{,}814 = 40{,}70 \text{ qm.}$$

Für Hohlkörper von größerem Durchmesser (Dampfdome, Dampfzylinder, Sammelrohre, Behälter u. ähnl.) und bei runden Flächen (Kesselstirnwände, Böden usf.) kann man sich zur Ermittlung der Oberfläche nachstehender Umfangs- und Flächentafel in folgender Weise bedienen:

Nennt man den äußeren, in Zentimetern ausgedrückten Durchmesser $= D$, den Umfang in Metern $= U$, und die Fläche in Quadratmetern $= F$, so ist:

$$U = 0{,}031\,416 \times D; \quad F = 0{,}00\,007\,854 \times D \times D, \text{ und}$$

Umfang in m $\times$ Rohrlänge in m $=$ Oberfläche in qm.

Beispiel: Ein 60 mm stark zu isolierender Kesseldom habe 850 mm $=$ 85 cm Durchmesser und 900 mm $=$ 0,9 m Höhe. Dann ist:

Länge des Mantels $= 90 + 6$ cm $= 0{,}96$ m.

Durchmesser des Mantels $= 85 + (2 \times 6 \text{ cm}) = 97$ cm $= 3{,}047$ m Umfang.

Fläche des Mantels $=$ Umfang $\times$ Länge (oder Höhe)

$$= 0{,}96 \times 3{,}047 = 2{,}825 \text{ qm.}$$

Durchmesser der Decke $= 85 + (2 \times 6 \text{ cm}) = 97$ cm $= \underline{0{,}740 \text{ qm.}}$

Gesamtoberfläche der Isolierung $= 3{,}565$ qm.

Rohrtafel.

Flanschdurchmesser N nach den Normen d. Ver. d. Ing. 1900.

Flanschdurchmesser P für patentgeschweißte Flanschrohre.

| Rohr-durchmesser | | Flansch-durchmesser | | Ein isolierter laufender Meter Rohr hat Quadratmeter Außenfläche bei Auftragstärke in Millimeter | | | | | | |
| Innen | Außen | N | P | | | | | | | |
mm	mm	mm	mm	15	20	25	30	40	50	60
3	10			0,125	0,157					
6	13			0,135	0,166	0,197				
10	16,5			0,146	0,177	0,208				
13,5	21		84	0,160	0,191	0,222	0,254			
19,5	26		90	0,176	0,207	0,240	0,270			
26	33		96	0,207	0,229	0,260	0,292	0,355		
30 } 33,5	38	125	96	0,213	0,245	0,267	0,308	0,371		
37	41,5		99	0,225	0,255	0,287	0,319	0,382		
40	44,5	140	103	0,234	0,265	0,297	0,328	0,391	0,454	
43	47,5		106	0,243	0,274	0,306	0,338	0,401	0,463	
46	51		116	0,254	0,285	0,317	0,348	0,411	0,474	
49	54		121	0,264	0,295	0,327	0.358	0,421	0,484	
50 } 51,5	57	160	124	0,273	0,305	0,336	0,367	0,430	0,493	0,556
54	60		129	0,283	0,314	0,345	0,377	0,440	0,502	0,565
57,5 } 60	63,5	175	133	0,294	0,325	0,356	0,388	0,451	0,514	0,567
64	70		140	0,314	0,345	0,377	0,408	0,471	0,534	0,597
70	76	185	146	0,333	0,364	0,395	0,427	0,490	0,553	0,615
76,5	83		163	0,355	0,386	0,418	0,449	0,512	0,575	0,637
80 } 82,5	89	200	169	0,374	0,405	0,436	0,468	0,531	0,594	0,656
88,5 } 90	95	220	175	0,393	0,424	0,455	0,487	0,550	0,613	0,675
94,5	102		185	0,415	0,446	0,477	0,509	0,572	0,634	0,697
100 } 100,5	108	240	191	0,433	0,465	0,499	0,528	0,591	0,653	0,716
106,5	114		197	0,452	0,484	0,515	0,546	0,609	0,672	0,735
113	121		204	0,474	0,505	0,537	0,568	0,631	0,694	0,757

Rohrtafel. (Fortsetzung.)

Flanschdurchmesser N nach den Normen d. Ver. d. Ing. 1900,
Flanschdurchmesser P für patentgeschweißte Flanschrohre.

| Rohrdurchmesser | | Flanschdurchmesser | | Ein isolierter laufender Meter Rohr hat Quadratmeter Außenfläche bei Auftragstärke in Millimeter | | | | | | |
| Innen | Außen | N | P | 25 | 30 | 40 | 50 | 60 | 70 | 80 |
mm	mm	mm	mm							
119	127		226	0,556	0,587	0,650	0,713	0,776	0,838	
125	133	270	231	0,575	0,606	0,669	0,732	0,795	0,857	
131	140		239	0,597	0,628	0,691	0,754	0,817	0,879	
137	146		245	0,616	0,647	0,710	0,773	0,835	0,898	
143	152		254	0,634	0,666	0,729	0,792	0,854	0,917	0,980
150	159	300	261	0,656	0,688	0,751	0,814	0,876	0,939	1,002
156	165		269	0,675	0,707	0,770	0,832	0,895	0,958	1,021
162	171		275	0,694	0,726	0,788	0,851	0,914	0,977	1,034
169	178		286	0,716	0,748	0,810	0,873	0,936	0,999	1,062
175 / 180	191	330	300	0,757	0,788	0,851	0,914	0,977	1,040	1,102
192	203		313	0,794	0,826	0,889	0,952	1,015	1,077	1,140
200 / 203	216	360	327	0,835	0,867	0,930	0,993	1,055	1,118	1,180
216	229		341	0,876	0,908	0,970	1,033	1,096	1,159	1,222
225 / 228	241	390	354	0,914	0,945	1,008	1,071	1,134	1,197	1,259
241	254		372	0,955	0,986	1,049	1,112	1,175	1,238	1,30
250 / 253	267	420	385	0,996	1,027	1,090	1,153	1,216	1,278	1,341
264	279		404	1,034	1,065	1,128	1,190	1,253	1,316	1,379
275 / 277	292	450	417	1,074	1,106	1,168	1,231	1,294	1,357	1,420
290	305		430	1,115	1,146	1,209	1,272	1,335	1,398	1,460
300 / 302	318	480	442	1,156	1,187	1,250	1,313	1,376	1,438	1,501
325	343	520		1,235	1,266	1,329	1,391	1,454	1,517	1,580
350	370	550		1,320	1,351	1,413	1,476	1,539	1,602	1,665
375	395	580		1,40	1,430	1,492	1,555	1,617	1,680	1,743
400	420	605		1,476	1,508	1,570	1,633	1,695	1,759	1,822

Umfang- und Flächentafel.

Dmr. D cm	Umfang U m	Fläche F qm	Dmr. D cm	Umfang U m	Fläche F qm	Dmr. D cm	Umfang U m	Fläche F qm
10	0,314	0,008	47	1,476	0,173	84	2,640	0,554
11	0,345	0,009	48	1,508	0,181	85	2,670	0,567
12	0,377	0,011	49	1,540	0,188	86	2,702	0,581
13	0,408	0,013	50	1,570	0,196	87	2,733	0,594
14	0,440	0,015	51	1,602	0,204	88	2,764	0,608
15	0,471	0,017	52	1,633	0,212	89	2,796	0,622
16	0,502	0,020	53	1,665	0,220	90	2,827	0,636
17	0,534	0,022	54	1,696	0,230	91	2,860	0,650
18	0,565	0,025	55	1,728	0,237	92	2,890	0,665
19	0,597	0,028	56	1,760	0,246	93	2,921	0,680
20	0,628	0,031	57	1,790	0,255	94	2,953	0,694
21	0,659	0,034	58	1,822	0,264	95	2,984	0,710
22	0,691	0,038	59	1,853	0,273	96	3,016	0,724
23	0,722	0,041	60	1,885	0,283	97	3,047	0,740
24	0,754	0,045	61	1,916	0,292	98	3,079	0,754
25	0,785	0,049	62	1,947	0,302	99	3,110	0,770
26	0,817	0,053	63	1,980	0,311	100	3,141	0,790
27	0,848	0,057	64	2,010	0,321	101	3,173	0,801
28	0,880	0,061	65	2,042	0,332	102	3,204	0,817
29	0,911	0,066	66	2,073	0,342	103	3,236	0,833
30	0,942	0,071	67	2,105	0,352	104	3,267	0,850
31	0,974	0,075	68	2,136	0,363	105	3,298	0,866
32	1,005	0,080	69	2,168	0,374	106	3,330	0,882
33	1,036	0,085	70	2,20	0,385	107	3,361	0,900
34	1,068	0,090	71	2,230	0,396	108	3,393	0,916
35	1,010	0,096	72	2,262	0,407	109	3,424	0,933
36	1,131	0,101	73	2,293	0,418	110	3,456	0,950
37	1,162	0,107	74	2,325	0,430	111	3,487	0,967
38	1,193	0,113	75	2,356	0,442	112	3,518	0,985
39	1,225	0,119	76	2,387	0,453	113	3,550	1,003
40	1,257	0,125	77	2,420	0,465	114	3,581	1,021
41	1,290	0,132	78	2,450	0,478	115	3,613	1,040
42	1,320	0,138	79	2,482	0,490	116	3,644	1,057
43	1,351	0,145	80	2,513	0,503	117	3,675	1,075
44	1,382	0,152	81	2,544	0,515	118	3,707	1,093
45	1,413	0,159	82	2,576	0,528	119	3,738	1,112
46	1,445	0,166	83	2,607	0,541	120	3,770	1,131

Umfang- und Flächentafel. (Fortsetzung.)

Dmr. D cm	Um-fang U m	Fläche F qm	Dmr. D cm	Um-fang U m	Fläche F qm	Dmr. D cm	Um-fang U m	Fläche F qm
121	3,801	1,150	158	4,963	1,960	195	6,126	2,986
122	3,832	1,170	159	4,995	1,986	196	6,157	3,017
123	3,864	1,190	160	5,026	2,010	197	6,190	3,048
124	3,895	1,207	161	5,058	2,036	198	6,220	3,080
125	3,927	1,227	162	5,090	2,061	199	6,252	3,110
126	3,958	1,247	163	5,120	2,087	200	6,283	3,142
127	3,990	1,267	164	5,152	2,112	202	6,346	3,205
128	4,021	1,287	165	5,183	2,140	204	6,410	3,270
129	4,052	1,307	166	5,215	2,164	206	6,472	3,333
130	4,084	1,327	167	5,246	2,190	208	6,534	3,400
131	4,115	1,348	168	5,278	2,217	210	6,597	3,463
132	4,147	1,370	169	5,310	2,243	212	6,660	3,530
133	4,178	1,390	170	5,340	2,270	214	6,723	3,600
134	4,210	1,410	171	5,372	2,297	216	6,786	3,664
135	4,241	1,431	172	5,403	2,323	218	6,850	3,732
136	4,272	1,452	173	5,435	2,350	220	6,911	3,801
137	4,304	1,474	174	5,466	2,378	222	6,974	3,871
138	4,335	1,495	175	5,498	2,405	224	7,037	3,941
139	4,367	1,517	176	5,530	2,433	226	7,100	4,011
140	4,400	1,540	177	5,560	2,460	228	7,162	4,083
141	4,430	1,561	178	5,592	2,490	230	7,225	4,155
142	4,461	1,583	179	5,623	2,516	232	7,290	4,230
143	4,492	1,606	180	5,655	2,544	234	7,351	4,300
144	4,524	1,630	181	5,686	2,573	236	7,414	4,374
145	4,555	1,651	182	5,718	2,601	238	7,477	4,450
146	4,586	1,674	183	5,750	2,630	240	7,540	4,524
147	4,620	1,700	184	5,780	2,660	242	7,602	4,600
148	4,650	1,720	185	5,812	2,670	244	7,665	4,676
149	4,681	1,743	186	5,843	2,720	246	7,730	4,753
150	4,712	1,767	187	5,875	2,746	248	7,800	4,830
151	4,744	1,790	188	5,906	2,776	250	7,854	4,910
152	4,775	1,814	189	5,937	2,805	252	7,917	4,987
153	4,806	1,840	190	5,970	2,835	254	7,980	5,067
154	4,840	1,862	191	6,000	2,865	256	8,042	5,147
155	4,870	1,887	192	6,032	2,895	258	8,105	5,228
156	4,901	1,911	193	6,063	2,925	260	8,170	5,310
157	4,932	1,936	194	6,094	2,956	262	8,231	5,400

Zur Aufstellung einer Berechnung von Wärme- oder Temperaturverlust muß man kennen:

1. Die in der Zeiteinheit (Stunde oder Sekunde) durch das Rohr strömende Dampfmenge Q in kg (Stkg oder Sekkg).
2. Den Dampfdruck p in at oder kg.
3. Innen- und Außendurchmesser der Rohre (Dmr.).
4. Die Länge der Rohrleitung in m.
5. Anzahl und Maße der Formstücke, Flansche, Ventile usf.
6. Die Dampftemperatur t_1 bei Eintritt in die Rohrleitung in Grad Celsius und die verlangte Dampftemperatur t_2 beim Austritt aus der Rohrleitung.
7. Die Außentemperatur t_0.

Ferner:

8. Die Dampfgeschwindigkeit v in Sekm.
9. Die Zeit z, welche der Dampf braucht, um von einem Ende der Rohrleitung zum andern zu gelangen.
10. Dampfgewicht G und Dampfvolumen V.
11. Die spezifische Wärme s des Dampfes.
12. Die Wärmeleitzahl k und die Ergänzungsziffer K.
13. Die Stärke d der Isolierschicht.

Die Angaben 1 bis 7 sind den Anfragen nebst ausführlicher Maßzeichnung beizufügen, die übrigen sind Gegenstand der Rechnung bzw. Annahme.

Stromgeschwindigkeit.

Wir verstehen darunter allgemein den in der Zeiteinheit Sekunde) zurückgelegten Weg in Metern (Sekm).

Die Einführung dieser Geschwindigkeit v in die Rechnung ist deshalb notwendig, weil es natürlich nicht ohne Einfluß auf den Wärmeverlust sein kann, welche Zeit eine gewisse Dampfmenge braucht, um von einem Ende einer Rohrleitung zum andern zu gelangen. Beträgt z. B. die Geschwindigkeit 30 m in einer Sekunde = 30 Sekm., so würde jedes Dampfteilchen eine 30 m lange Rohrleitung in einer Sekunde durchströmen. Ist die Geschwindigkeit nur halb so groß, so ist dazu die doppelte Zeit nötig. Mit der Abnahme der Geschwindigkeit steigt der Wärmeverlust sehr erheblich; der berechnete gewährleistete Temperaturverlust (s. S. 6) ist daher von dieser Geschwindigkeit mit abhängig.

Tatsächlich kommen bei Dampfleitungen Geschwindigkeiten bis zu 60 Sekm. vor. Als mittlere Geschwindigkeit kann man 25 bis 30 Sekm. annehmen[1]).

Für eine stündliche Dampfmenge Q von der Spannung p mit dem Gewicht G bei einem Rohrquerschnitt f in qm würde sein die Geschwindigkeit v in Sekm.:

$$v = \frac{Q}{3600 \cdot G \cdot f}.$$

Beispiel: Durch ein Rohr von 150 mm Innendmr. strömt stündlich eine Dampfmenge von 10000 kg und 10 at Überdruck (Kesselspannung, Betriebsdruck) = 11 at absolute Spannung. Das Gewicht G von 1 cbm Naßdampf (s. Dampftafel S. 10) beträgt = 5,549 kg, der Rohrquerschnitt f = 0,0176 qm. Dann ist:

$$v = \frac{10000}{3600 \cdot 5,549 \cdot 0,0176} = \text{rd. 28 Sekm.}$$

Lichter Rohrquerschnitt f,
und Werte von $3600 \times f$.

Lichter Rohr-Dmr.	Quer-schn. f	$f \times 3600$	Lichter Rohr-Dmr.	Quer-schn. f	$f \times 3600$	Lichter Rohr-Dmr.	Quer-schn. f	$f \times 3600$
mm	qm		mm	qm		mm	qm	
30	0,0007	2,52	90	0,0063	22,68	200	0,0314	113,04
33,5	0,0009	3,24	94,5	0,0070	25,20	203	0,0323	116,28
37	0,0010	3,60	100	0,0078	28,08	216	0,0366	131,76
40	0,0012	4,32	100,5	0,0079	28,44	225	0,0397	142,92
43	0,0014	5,04	106,5	0,0089	32,04	228	0,0408	146,88
46	0,0016	5,76	113	0,010	36,00	241	0,0456	164,16
49	0,0018	6,48	119	0,0111	39,96	250	0,0490	176,40
50	0,0019	6,84	125	0,0122	43,92	253	0,0502	180,72
51,5	0,0021	7,56	131	0,0134	48,24	264	0,0547	196,92
54	0,0023	8,28	137	0,0147	52,92	275	0,0594	213,84
57,5	0,0026	9,36	143	0,0160	57,60	277	0,0602	216,72
60	0,0028	10,08	150	0,0176	63,36	290	0,0660	237,60
64	0,0032	11,52	156	0,0191	68,76	300	0,0706	254,16
70	0,0038	13,68	162	0,0206	74,16	302	0,0716	258,76
76,5	0,0046	16,56	169	0,0224	80,64	325	0,0830	298,80
80	0,0050	18,0	175	0,0240	86,40	350	0,0962	346,32
82,5	0,0053	19,14	180	0,0254	91,44	375	0,110	396,0
88,5	0,0061	21,96	192	0,0289	104,04	400	0,125	450,0

[1]) Eberle, Z. d. Ver. d. Ing. 1908, S. 541.

In vorstehender Tafel sind die lichten Rohrquerschnitte f und die Werte von $3600 \times f$ zusammengestellt. Mit deren Benutzung hätte man:

$$v = \frac{10000}{5{,}549 \cdot 63{,}36} = \text{rd. } 28 \text{ Sekm.}$$

Für eine Rohrleitung von der Länge $L = 100$ m wäre die Zeit z, welche der Dampf mit dieser Geschwindigkeit braucht, um von einem Ende zum andern zu gelangen:

$$z = \frac{L}{v} = \frac{100}{28} = \text{rd. } 3{,}5 \text{ Sek.}$$

Naßdampf.

(Sattdampf, gesättigter Dampf.)

1 kg verdampftes Wasser von 10 at Überdruck $= 11$ at absol. Spannung hat nach der Dampftafel (S. 10) eine Temperatur t von $183{,}05^{\circ}$ C und $662{,}33$ WE Gesamtwärme. Mithin enthalten 10000 kg:

$$10000 \times 662{,}33 = 6623300 \text{ WE.}$$

Die Berechnung des Wärmeverlustes bzw. des Temperaturabfalls in einer Rohrleitung erfolgt unter Benutzung der bisherigen Bezeichnungen (Seite 18) auf folgende Weise:

Da es sich bei Dampfanlagen meistens um kürzere Rohrleitungen bis etwa 100 m Länge handelt, wobei die Eintritts- und Austrittstemperatur t_1 und t_2 des Dampfes gegeben ist, so kann man für praktische Rechnungen ohne Nachteil eine mittlere Innentemperatur t_m einführen und hat dann:

$$t_m = \frac{t_1 + t_2}{2}.$$

Größer wird die Genauigkeit der Rechnung, wenn man den ganzen Rohrstrang in kleinere Längen einteilt (z. B. 25 bis 50 m) und jeden Teil so für sich rechnet, daß man als Eintrittstemperatur des zweiten Teils die Austrittstemperatur des ersten Teils einsetzt usf.

Dabei wird dann besonders der Einfluß der häufig auf einzelne Stellen des glatten Rohrstrangs zusammengedrängten Formstücke, wie Verbindungsflansche, Ventile, Wasserabscheider u. a. m., besser berücksichtigt werden.

Man wählt nun zunächst (Seite 13) die Stärke d der Isolierschicht entsprechend der Eintrittstemperatur des Dampfes und bestimmt die mittlere Oberfläche F der Isolierschicht aus der Gesamtlänge L und dem mittleren Durchmesser, den man aus der Rohrtafel (Seite 14) entnehmen kann, indem man für d die halbe Isolierstärke setzt.

Güteverhältnis $K =$ 1,5				1,65	1,8	2,0
Innentemp.	k	d	x	x	x	x
100	0,065	0,015	0,00180	0,00200	0,00216	0,00240
		0,02	0,00135	0,00148	0,00162	0,00180
		0,03	0,00090	0,00099	0,00108	0,00120
150	0,07	0,02	0,00145	0,00160	0,00175	0,00194
		0,03	0,00097	0,00106	0,00116	0,00130
		0,04	0,00073	0,00080	0,00087	0,00097
200	0,075	0,03	0,00104	0,00114	0,00125	0,00138
		0,04	0,00078	0,00085	0,00093	0,00104
		0,05	0,00062	0,00068	0,00075	0,00083
250	0,08	0,04	0,00083	0,00092	0,00100	0,00111
		0,05	0,00067	0,00073	0,00080	0,00088
		0,06	0,00055	0,00060	0,00066	0,00073
300	0,085	0,05	0,00070	0,00078	0,00085	0,00094
		0,06	0,00059	0,00065	0,00070	0,00078
		0,07	0,00050	0,00055	0,00060	0,00067
350	0,09	0,06	0,00062	0,00068	0,00075	0,00083
		0,07	0,00053	0,00059	0,00064	0,00071
		0,08	0,00046	0,00051	0,00056	0,00062
400	0,095	0,06	0,00066	0,00072	0,00079	0,00088
		0,07	0,00056	0,00062	0,00067	0,00075
		0,08	0,00049	0,00054	0,00059	0,00066
450	0,10	0,06	0,00069	0,00076	0,00083	0,00092
		0,07	0,00060	0,00065	0,00071	0,00083
		0,08	0,00052	0,00057	0,00062	0,00073

Der Wärmeverlust W in WE ist dann:

$$W = \frac{F\,[t_m - (\pm t_0)] \cdot k \cdot K \cdot z}{d \cdot 3600}.$$

Der Wert $[t-(\pm t_0)]$ richtet sich danach, ob die Außentemperatur t_0 über oder unter dem Nullpunkt liegt, also mit $+$ oder $-$ bezeichnet ist. Ist sie nicht vorgeschrieben, so kann man sie für gewöhnliche Fälle zum Mittelwert zwischen Zimmerwärme und Nullpunkt mit $+10$ Grad einsetzen und hat dann: $(t_m - t_0) = t_m - 10^0$. Liegt t_0 dagegen unter dem Gefrierpunkt, so ist zu schreiben:

$$[t_m - (-t_0)] = (t_m + t_0).$$

Der Temperaturabfall (Unterschied zwischen Eintritts- und Austrittstemperatur) in Graden ist weiter:

$$T_v = (t_1 - t_2) = \frac{W}{G \cdot s}.$$

Nimmt man die Werte k und K nach Seite 12 an, so kann man den Ausdruck $\dfrac{k \cdot K}{d \cdot 3600} = x$ setzen und dieses für die verschiedenen Isolierstärken d aus vorstehender Zahlentafel entnehmen:

Für einen glatten vollkommen isolierten Rohrstrang von $L = 100$ m; Innendmr $= 150$ mm, wäre dann bei $Q = 10000$ Stkg; $p = 10$ at Überdruck $= 11$ at absol.; $t = 183^0$; $v = 28$ Sekm. $z = 3,5$ Sek; $d = 0,05$; $(\dfrac{d}{2} = 25$ mm Auftragstärke$)$; $t_0 = +10^0$; $G = 5,55$ kg; $s = 0,48$; $G \cdot s = 2,66$. Dann ist zunächst der mittlere Durchmesser (Dmr) der Isolierung $=$ dem Außendmr des Rohrs $+$ 2 halbe Isolierstärken, also $= 159 + (2 \cdot 25) = 209$ mm $= 0,209$ m und davon der Umfang $= 0,209 \cdot 3,1416 = 0,656$ m. Dieselbe Zahl findet man auf der Rohrtafel (S. 15) bei 150 mm Rohrdmr unter 25 mm Auftragstärke. Die mittlere Oberfläche bei 100 m Länge ist nun: $F = 100 \cdot 0,656 = 65,6$ oder rd. 66 qm.

Weiter hat man:

$$t_1 = 183^0; \quad t_2 \text{ angenommen zu } 173^0; \quad t_m = \frac{183 + 173}{2} = 178^0.$$

Dann ist in der Rohrstrecke von 100 m Länge der Wärmeverlust:

$$W = \frac{F \cdot (t_m - t_0) \cdot k \cdot K \cdot z}{d \cdot 3600} = F \cdot (t_m - t_0)\, x \cdot z;$$

setzen wir x aus der Tafel S. 21 mit $0,0007$ ein, so haben wir:

$$W = 66 \cdot (178 - 10) \cdot 0{,}0007 \cdot 3{,}5 = \text{rd. } 27 \text{ WE,}$$ und den Temperaturverlust:

$$T_v = (t_1 - t_2) = \frac{W}{G \cdot s} = \frac{27}{2{,}66} = \text{rd. } 10^0,$$

d. i. auf den lfd. m $= \dfrac{10}{100} = 0{,}1^0.$

Zu demselben Ergebnis kommt man, wenn man auf Grund des Wärmeverlustes beim nakten Rohr (S. 8) rechnet. Der Wärmeverlust von 1 qm nakte Rohrfläche beträgt im Verhältnis der Geschwindigkeiten von 25 : 28 Sekm = rd. 2200 WE stündlich; die Oberfläche von 1 m Rohr (S. 24) = 0,5 qm; die Zeit war 3,5 Sek.; der Wärmeverlust bei einem Wirkungsgrad von rd. 75 % = 25 % = 0,25; der Wert $G = 2{,}66$, somit der Temperaturverlust T_v auf 1 m Länge:

$$T_v = \frac{2200 \cdot 0{,}5 \cdot 3{,}5 \cdot 0{,}25}{3600 \cdot 2{,}66} = \text{rd. } 0{,}1^0.$$

Ist nun die Leitungslänge in Wirklichkeit nicht 100, sondern etwa nur 43 m, so ist:

$$\text{der Wärmeverlust } W = \frac{27 \cdot 43}{100} = 11{,}6 \text{ rd. } 12 \text{ WE,}$$

und der Temperaturverlust $T_v = 43 \cdot 0{,}1 = 4{,}3^0.$

Wäre die Außentemperatur mit beispielsweise -20^0 vorgeschrieben, statt mit $+10^0$ angenommen, so hätte man (die Ansätze für W und T_v zusammengezogen):

$$T_v = \frac{66 \cdot [178 - (-20)] \cdot 0{,}0007 \cdot 3{,}5}{2{,}66} = \frac{66 \cdot (178 + 20) \cdot 0{,}0007 \cdot 3{,}5}{2{,}66}$$

$$= 12^0 \text{ oder } \frac{12}{100} = 0{,}12 \text{ auf den lfd. m.}$$

Der Sicherheit halber ist in dem Ansatz d mit 0,05 m eingesetzt, obgleich für die Temperatur von 183° die Isolierstärke von 40 mm genügen müßte.

Nicht berücksichtigt ist in dieser Berechnung der Einfluß der Flanschverbindungen, Ventile, Wasserabscheider und sonstiger, in die Rohrleitungen eingeschalteten Formstücke auf den Wärmeverlust. Dieser Einfluß ist, wie es scheint, früher stark unterschätzt worden, obgleich jedem Fachmann längst bekannt sein mußte, daß 1 qm nakter Flansch- oder Ventiloberfläche genau soviel Wärme abgeben muß, wie 1 qm naktes Rohr [1]).

Vergegenwärtigt man sich, daß bei einer Wärmeersparnis durch Isolierung von rd. 80 % der Wärmeverlust der nakten

---

[1]) Eberle, Zeitschr. d. Ver. deutsch. Ing. 1908, S. 542—547.

Flächen zu dem der isolierten im Verhältnis von 4 : 1 steht, und daß bei normalen Rohrleitungen die Oberfläche der Flanschverbindungen gegen 15% der ganzen Rohroberfläche ausmacht, so erscheint es unbedingt nötig, diesen Einfluß derart in Rechnung zu ziehen, daß man die mittlere Oberfläche F um den Betrag vergrößert, den diese Teile, ob isoliert oder nicht, darstellen.

Die nachstehenden Tafeln enthalten die in Rechnung zu ziehenden Werte solcher isolierten oder nicht isolierten Teile.

Oberfläche der nakten Rohre und Ausrüstungsteile.

(Nach den Normen des Vereins deutscher Ingenieure.)

Rohrdmr		Oberfläche in qm von							
Innen mm	Außen mm	1 lfd. m nakt. Rohr	1 nakte Flanschverbindung	1 Bogen oder Winkelstück	1 T-Stück	1 Kreuzstück	1 nakt. Ventil	1 isol. Ventil	1 nakter Wasserabscheider
30	38	0,120	0,072	0,026	0,040	0,052	0,080	0,044	0,2
40	44	0,140	0,08	0,033	0,055	0,070	0,110	0,063	0,3
50	57	0,180	0,11	0,046	0,070	0,092	0,140	0,08	0,45
60	64	0,20	0,14	0,054	0,088	0,120	0,171	0,095	0,6
70	76	0,238	0,16	0,070	0.105	0,140	0,20	0,112	0,7
80	89	0,280	0,18	0,087	0,13	0,170	0,23	0,130	0,8
90	95	0,30	0,21	0,10	0,15	0,20	0,265	0,150	1,0
100	108	0,340	0,23	0,12	0,18	0,24	0,305	0,163	1,2
125	133	0,417	0,30	0,175	0,263	0,35	0,417	0,215	1,5
150	159	0,50	0,35	0,23	0,36	0,46	0,530	0,267	1,8
175	191	0,60	0,41	0,30	0,45	0,61	0,680	0,350	2,1
200	216	0,678	0,48	0,38	0,58	0,76	0,83	0,43	2,4
225	241	0,757	0,53	0,47	0,70	0,93	1,01	0,502	2,8
250	267	0,838	0,58	0,55	0,84	1,10	1,20	0,610	3,2
275	292	0,917	0,60	0,65	0,98	1,30	1,42	0,720	3,6
300	318	1,00	0,72	0,75	1,15	1,50	1,64	0,83	4,0
325	343	1,077	0,82	0,88	1,32	1,75	1,87	0,94	4,3
350	370	1,162	0,93	1,0	1,53	2,0	2,11	1,05	4,6
375	395	1,240	1,00	1,15	1,74	2,3	2,40	1,2	4,9
400	420	1,320	1,10	1,3	2,0	2,6	2,67	1,33	5,2

Die Anschlußflansche der Ventile, Wasserabscheider usf. sind in vorstehenden Flächenweiten nicht enthalten, müssen also als Rohrflansche gerechnet werden.

Wirksame Oberfläche O_f in qm der nakten Flansch-verbindungen.

Innen-Rohr-dmr	Flansch-dmr	Wirkungsgrad der Umhüllung = Wärmeersparnis gegenüber dem nakten Rohr. %								
		65	70,5	75,5	80,5	83,5	86	86,5	87	88
		Temperatur in Grad C.								
mm	mm	100	150	200	250	300	350	400	450	500
30	125	0,133	0,171	0,221	0,296	0,364	0,442	0,455	0,482	0,504
40	140	0,148	0,190	0,246	0,330	0,405	0,491	0,506	0,536	0,560
50	160	0,20	0,261	0,340	0,453	0,556	0,675	0,696	0,737	0,770
60	175	0,260	0,333	0,431	0,577	0,708	0,860	0,886	0,938	0,980
70	185	0,296	0,380	0,50	0,660	0,810	0,982	1,013	1,072	1,120
80	200	0,333	0,430	0,554	0,741	0,910	1,105	1,140	1,206	1,260
90	220	0,390	0,50	0,647	0,865	1,062	1,290	1,330	1,407	1,470
100	240	0,425	0,547	0,706	0,950	1,163	1,412	1,456	1,541	1,610
125	270	0,555	0,714	0,942	1,236	1,520	1,842	1,90	2,010	2,10
150	300	0,667	0,833	1,078	1,442	1,770	2,150	2,215	2,345	2,450
175	330	0,760	0,976	1,263	1,690	2,074	2,517	2,595	2,747	2,870
200	360	0,890	1,142	1,480	1,980	2,430	2,947	3,038	3,216	3,360
225	390	1,00	1,261	1,632	2,183	2,682	3,254	3,351	3,551	3,710
250	420	1,07	1,380	1,786	2,390	2,935	3,561	3,671	3,886	4,060
275	450	1,11	1,430	1,850	2,472	3,036	3,684	3,80	4,020	4,20
300	480	1,33	1,713	2,217	2,966	3,642	4,420	4,557	4,824	5,040
325	520	1,52	1,951	2,525	3,380	4,159	5,035	5,190	5,494	5,740
350	550	1,72	2,213	2,864	3,921	4,705	5,710	5,886	6,241	6,510
375	580	1,85	2,380	3,080	4,12	5,060	6,14	6,33	6,70	7,0
400	605	2,03	2,620	3,40	4,532	5,566	6,754	6,963	7,370	7,70

Nennt man n die Anzahl und o die Oberfläche der nakten Flansch-verbindungen, so hat man in Wirklichkeit $n \times o$ Quadratmeter nakte Oberfläche mehr, als der geraden Länge der Rohrleitung entspricht.

Sind die Flansche ebenso gut isoliert wie die Rohrleitung, so hätte man den Wert F aus vorstehendem Beispiel nur um den Betrag $n \times o$, (S. 24) d. i. bei 20 Flanschverbindungen für 150 mm Rohrdmr $= 20 \times 0{,}35 = 7$ qm zu erhöhen auf: $65{,}6 + 7 = 72{,}6$ qm.

Würden dagegen die Flansche frei gelassen, so muß F in der Rechnung um denjenigen Betrag vergrößert werden, welcher dem

Wirksame Oberfläche O_v in qm der nakten Ventile.

Innen-Rohr-dmr	Bau-länge	Wirkungsgrad der Umhüllung = Wärmeersparnis gegenüber dem nakten Rohr. %								
		65	70,5	75,5	80,5	83,5	86	86,5	87	88
		Temperatur in Grad C.								
mm	mm	100	150	200	250	300	350	400	450	500
30	210	0,148	0,190	0,246	0,330	0,405	0,491	0,506	0,536	0,56
40	230	0,203	0,262	0,339	0,453	0,556	0,675	0,696	0,737	0,77
50	250	0,260	0,333	0,431	0,577	0,708	0,860	0,886	0,940	0,98
60	270	0,316	0,407	0,526	0,704	0,865	1,050	1,082	1,145	1,20
70	290	0,370	0,476	0,616	0,824	1,012	1,228	1,266	1,340	1,40
80	310	0,425	0,547	0,708	0,947	1,164	1,412	1,456	1,541	1,610
90	330	0,490	0,631	0,816	1,092	1,341	1,627	1,677	1,775	1,855
100	350	0,564	0,726	0,939	1,256	1,543	1,872	1,930	2,043	2,135
125	400	0,771	0,992	1,284	1,718	2,110	2,560	2,640	2,80	2,920
150	450	0,980	1,261	1,632	2,183	2,682	3,254	3,355	3,551	3,710
175	500	1,260	1,618	2,094	2,801	3,441	4,175	4,304	4,556	4,760
200	550	1,535	1,975	2,556	3,420	4,20	5,096	5,254	5,561	5,810
225	600	1,870	2,404	3,110	4,161	5,110	6,201	6,393	6,767	7,070
250	650	2,220	2,856	3,696	4,944	6,072	7,370	7,60	8,040	8,40
275	700	2,627	3,380	4,373	5,850	7,185	8,720	8,990	9,514	9,940
300	750	3,034	3,903	5,051	6,674	8,30	10,070	10,381	11,00	11,480
325	800	3,460	4,450	5,760	7,704	9,462	11,481	11,837	12,830	13,10
350	850	3,903	5,022	6,50	8,693	10,676	12,955	13,356	14,137	14,770
375	900	4,440	5,712	7,392	9,884	12,144	14,736	15,20	16,080	16,80
400	950	4,940	6,354	8,223	11,00	13,51	16,340	16,90	18,0	18,70

Die Anschlußflansche der Ventile sind in vorstehenden Flächenwerten nicht enthalten, müssen also als Rohrflansche gerechnet werden.

Verhältnis zwischen Wärmeverlust und Wärmeersparnis der nakten und isolierten Oberflächen für die gegebene Innentemperatur entspricht, in diesem Fall 183 oder rd. 200° C. Wir finden dafür (S. 25), bei 150 mm Innendmr 1,07 qm, also bei 20 Flanschverbindungen wie vorstehend $20 \times 1,07 = 21,5$ qm, so daß F zu setzen wäre $= 65,6 + 21,5 =$ rd. 87 qm.

Ebenso verhält es sich mit den in eine Rohrleitung eingeschalteten Ventilen und Wasserabscheidern.

Wirksame Oberfläche O_v in qm der isolierten Ventile.

Innen-Rohr-dmr	Bau-länge	Wirkungsgrad der Umhüllung = Wärmeersparnis gegenüber dem nakten Rohr. %								
		65	70,5	75,5	80,5	83,5	86	86,5	87	88
		Temperatur in Grad C.								
mm	mm	100	150	200	250	300	350	400	450	500
30	210	0,081	0,104	0,135	0,182	0,222	0,270	0,278	0,294	0,308
40	230	0,116	0,150	0,194	0,259	0,312	0,386	0,398	0,422	0,441
50	250	0,146	0,188	0,243	0,325	0,40	0,485	0,500	0,530	0,553
60	270	0,175	0,226	0,292	0,391	0,480	0,583	0,611	0,636	0,665
70	290	0,207	0,266	0,345	0,453	0,557	0,676	0,70	0,750	0,784
80	310	0,240	0,310	0,426	0,535	0,657	0,798	0,822	0,871	0,910
90	330	0,277	0,357	0,462	0,618	0,760	0,921	0,950	1,005	1,050
100	350	0,301	0,388	0,502	0,660	0,810	0,983	1,013	1,073	1,141
125	400	0,397	0,511	0,662	0,866	1,063	1,290	1,330	1,410	1,505
150	450	0,494	0,635	0,822	1,111	1,365	1,655	1,708	1,750	1,870
175	500	0,647	0,833	1,078	1,443	1,771	2,150	2,215	2,345	2,450
200	550	0,795	1,023	1,324	1,771	2,175	2,640	2,722	2,881	3,010
225	600	0,928	1,194	1,546	2,061	2,540	3,080	3,166	3,360	3,514
250	650	1,128	1,452	1,880	2,513	3,086	3,745	3,861	4,087	4,270
275	700	1,332	1,736	2,217	2,966	3,643	4,420	4,557	4,824	5,040
300	750	1,535	1,975	2,556	3,422	4,20	5,096	5,253	5,561	5,810
325	800	1,740	2,237	2,895	3,873	4,756	5,771	5,950	6,40	6,580
350	850	1,942	2,50	3,234	4,326	5,313	6,447	6,646	7,035	7,350
375	900	2,220	2,857	3,696	4,944	6,072	7,368	7,596	8,040	8,40
400	950	2,460	3,165	4,096	5,480	6,730	8,166	8,320	8,911	9,31

Die Anschlußflansche der Ventile sind in vorstehenden Flächenwerten nicht enthalten, müssen also als Rohrflansche gerechnet werden.

Da die ersten stets teilweise frei bleiben, so ist der Wert F zum mindesten um die wirksame Oberfläche von isolierten Ventilen (bei unserem Beispiel je 0,82 qm) zu erhöhen.

Das gleiche gilt von den Wasserabscheidern, welche meist um so reichlicher gewählt werden, je länger und weiter die Rohrleitung ist.

Wir würden demnach bei unserem Beispiel zu rechnen haben, entweder:

Wirksame Oberfläche O_w in qm der nakten Wasserabscheider.

Innen-Rohr-dmr	Wirkungsgrad der Umhüllung = Wärmeersparnis gegenüber dem nakten Rohr. %.								
	65	70,5	75,5	80,5	83,5	86	86,5	87	88
	Temperatur in Grad C.								
mm	100	150	200	250	300	350	400	450	500
30	0,37	0,47	0,616	0,82	1,01	1,23	1,26	1,34	1,40
40	0,55	0,71	0,924	1,23	1,52	1,84	1,90	2,01	2,10
50	0,83	1,07	1,38	1,85	2,27	2,76	2,85	3,01	3,15
60	1,11	1,43	1,85	2,47	3,03	3,68	3,80	4,02	4,20
70	1,29	1,66	2,15	2,88	3,54	4,30	4,43	4,69	4,90
80	1,48	1,90	2,46	3,29	4,05	4,91	5,06	5,36	5,60
90	1,85	2,38	3,08	4,12	5,06	6,14	6,33	6,7	7,00
100	2,22	2,85	3,70	4,94	6,07	7,36	7,59	8,04	8,40
125	2,77	3,57	4,62	6,18	7,60	9,21	9,49	10,05	10,50
150	3,33	4,28	5,54	7,41	9,10	11,05	11,39	12,00	12,60
175	3,88	5,0	6,47	8,28	10,62	12,90	13,29	14,07	14,70
200	4,44	5,71	7,40	9,88	12,14	14,73	15,20	16,08	16,80
225	5,18	6,66	8,62	11,53	14,16	17,2	17,72	18,76	19,60
250	5,92	7,61	9,85	13,20	16,20	19,64	20,25	21,44	22,40
275	6,66	8,57	11,08	14,83	18,21	22,10	22,78	24,12	25,20
300	7,40	9,52	12,32	16,48	20,24	24,56	25,32	26,80	28,0
325	7,95	10,23	13,24	17,71	21,75	26,40	27,21	28,81	30,10
350	8,51	10,95	14,16	18,95	23,27	28,24	29,11	30,82	32,20
375	9,06	11,66	15,10	20,18	24,79	30,08	31,01	32,83	34,30
400	9,62	12,37	16,0	21,42	26,31	31,92	32,91	34,84	36,40

Die Anschlußflansche der Wasserabscheider sind in vorstehenden Flächenwerten nicht enthalten, müssen also als Rohrflansche gerechnet werden.

1. die isolierte Leitung mit 20 nakten Flanschverbindungen, 3 nakten Ventilen mit je 3 weiteren Flanschverbindungen, und 1 nakten Wasserabscheider, also:

$$F = 65,6 + (23 \cdot 1,07) + (3 \cdot 1,632) + 5,54 = \text{rd. } 101 \text{ qm, oder}$$

2. für die durchweg isolierte Leitung:

$$F = 65,6 + (23 \cdot 0,35) + (3 \cdot 0,822) + 2 = \text{rd. } 78 \text{ qm.}$$

Die glatte mittlere Oberfläche F von rd. 66 qm des Rohrstrangs wäre also im ersten Fall um rd. 57 %, im zweiten um rd. 18 % in der Berechnung zu vergrößern, so daß der Gesamtwärmeverlust bzw. Temperaturabfall sein würde:

Im ersten Fall:

$$W = 101\,(178 - 10) \cdot 3,5 \cdot 0,0007 = \text{rd. } 42 \text{ WE, und der}$$

$$\text{Temperaturabfall } T_v = (t_1 - t_2) = \frac{42}{5,55 \cdot 0,48} = \text{rd. } 16^0$$

d. i. auf 100 m Länge $= \dfrac{16}{100} = 0,16^0$ d. lfd. m.

Im zweiten Fall:

$$W = 78\,(178 - 10) \cdot 3,5 \cdot 0,0007 = \text{rd. } 32 \text{ WE, und der}$$

$$\text{Temperaturverlust } T_v = (t_1 - t_2) = \frac{32}{5,55 \cdot 0,48} = \text{rd. } 12^0$$

d. i. auf 100 m Länge $= \dfrac{12}{100} = 0,12$ d. lfd. m.

Der durch Isolierung sämtlicher Ausrüstungsteile während der 3,5 Sek. (bei 28 Sek/m Dampfgeschwindigkeit) herbeigeführte Wärmegewinn von $42 - 32 = 10$ WE würde stündlich betragen:

$$\frac{3600 \cdot 10}{3,5} = \text{rd. } 10280 \text{ WE.}$$

Der Geldwert dieser Ersparnis läßt sich nach Seite 9 leicht berechnen.

Kondensat.

Die Kondensatmenge C würde sein bei einem nakten Rohr mit der Wärmeabgabe W und der Verdampfungswärme r (Dampftafel S. 10) stündlich für 1 qm:

$$C = \frac{W}{r} \text{ kg.}$$

Bei Dampf von 10 at Überdruck und 183^0 Temperatur (vgl. vorst. Beispiel) ist die Wärmeabgabe des nakten Rohrs für den Stqm $= 2200$ WE, die Verdampfungswärme $r = 477$, mithin:

$$C = \frac{2200}{477} = 4,61 \text{ kg für 1 qm stündlich.}$$

Das vorstehend (S. 26) berechnete eiserne Rohr von 150 mm Innendmr. und 100 m Länge hat eine Oberfläche (S. 24) von:

$F = 0{,}5 \cdot 100 = 50$ qm und verliert bei vollständiger Isolierung sämtlicher Teile in 3,57 Sek. $= 32$ WE, mithin:

$$C = \frac{W \cdot 3600}{z \cdot r \cdot F} = \frac{32 \cdot 3600}{3{,}57 \cdot 477 \cdot 50} = 1{,}34 \text{ kg für 1 Stqm.}$$

Die durch die Isolierung erzielte Ersparnis an Kondensat beträgt mithin:

$$\frac{4{,}61 - 1{,}34}{4{,}61} = 0{,}71 = 71\%.$$

Nach Seite 9 beträgt die Wärme- bzw. Kondensatersparnis für 150 bis 200° 70 bis 75%, im Mittel also 72%, was mit vorstehendem Ergebnis gut übereinstimmt.

Spannungsverlust.

Der Spannungsverlust S von einem Ende der glatten Leitung zum andern würde sein für die vorstehend angegebenen Verhältnisse und den Innendmr D der Leitung in m (s. Zeitschr. d. Ver. deutsch. Ing. 1908, S. 664):

$$S = c \cdot G \frac{L}{D} v^2 = \frac{10{,}55}{10^8} \cdot G \frac{L}{D} v^2.$$

Der Leitungswiderstand $c = \dfrac{10{,}55}{10^8}$ kann als unveränderlich angenommen werden. Man hat dann:

$$S = 0{,}000\,000\,105 \cdot 5{,}55 \cdot \frac{100}{0{,}15} \cdot 28^2 = 0{,}30 \text{ at.}$$

Dieser Wert wird durch die in die Leitung eingeschalteten Ventile und Krümmer beeinflußt und steigt nach Eberle (Zeitschr. d. Ver. deutsch. Ing. 1908, S. 665) mit der Dampfgeschwindigkeit r. Man muß demnach den Wert L um den Anteil l für je ein Ventil aus nachstehender Tafel erhöhen:

$v =$	10	15	20	25	30	35	40	45	50 Sekm
$l =$	16,2	16,8	17,4	18,1	18,7	19,4	20,0	20,6	21,3 m

Für je einen kurzen Krümmer setzen wir $\dfrac{l}{2}$.

Dies gibt für vorstehendes Beispiel bei $v = 28$ Sekm: $l = 3 \cdot 18{,}4 = $ rd. 55 m, so daß man hat:

$$S = c \cdot G \frac{L + l}{D} \cdot v^2 = 0{,}000\,000\,105 \cdot 5{,}55 \cdot \frac{100 + 55}{0{,}15} \cdot 28^2 = \text{rd. } 0{,}47 \text{ at.}$$

Heißdampf.

Nennen wir die Temperatur, auf welche der Naßdampf durch Überhitzung gebracht wird, T, so ist (nach Bernouli, S. 412) unter den früheren Bezeichnungen, für Heißdampf die Gesamtwärme in WE:

$$W_1 = W + s_1 \cdot (T - t).$$

Die spezifische Wärme für Heißdampf ist nicht gleichmäßig. Man kann sie im Mittel (Zeitschr. d. V. d. Ing. 1907, S. 128) zu 0,512 annehmen.

Wird also gesättigter Dampf um t-Grade überhitzt, so nimmt er annähernd $0{,}512 \cdot t$ WE auf. Die genauen Werte nach Prof Mollier sind für 7 bis 16 at absol. von 200 bis 450° C. Überhitzungstemperatur nachstehend aufgeführt:

Spezifische Wärme s_1 für Heißdampf.

T	Dampfdruck p in at absol.									
	7	8	9	10	11	12	13	14	15	16
	Temperatur in Grad C									
$=$	164	169,5	174	178,9	183,0	187	190,5	194	197,2	200,3
200	0,548	0,558	0,565	0,573	0,580	0,588	0,594	0,601	—	—
250	0,535	0,543	0,549	0,556	0,562	0,569	0,573	0,578	0,583	—
300	0,525	0,531	0,536	0,541	0,546	0,551	0,556	0,562	0,565	0,569
350	0,517	0,522	0,526	0,531	0,535	0,539	0,543	0,547	0,551	0,555
400	0,512	0,517	0,520	0,523	0,527	0,531	0,534	0,538	0,541	0,544
450	0,509	0,513	0,518	0,519	0,522	0,525	0,528	0,531	0,534	0,537

Für 10 at Betriebsspannung $= 11$ at absol. und $T = 350°$ Überhitzung findet sich der Wert s_1 zu 0,535. Die Gesamtwärme wäre somit:

$$W = 662{,}23 + 0{,}535\,(350 - 183) = \text{rd. } 751{,}5 \text{ WE.}$$

Die Dampfmenge $Q = 10000$ kg enthält dann: $10\,000 \cdot 751{,}5 = 7\,515\,000$ WE.

Mit der Überhitzungstemperatur steigt bei Heißdampf die Volumenzunahme. Nach Batelli-Tumliez rechnet sich das Volumen V_1 zu:

$$V_1 = (V + 0{,}0084)\,\frac{T_1}{T_0} - 0{,}0084.$$

$$\text{Ferner ist: } T_1 = 273 + T;\ T_0 = 273 + t.$$

$$\text{Somit für: } p = 11 \text{ at};\ T = 350^\circ;\ V = 0,179;\ t = 183^\circ:$$

$$T_1 = 273 + 350 = 623;\ T_0 = 273 + 183 = 456;$$

$$\frac{T_1}{T_0} = \frac{623}{456} = 1,366;\ \text{demnach:}$$

$$V_1 = (0,179 + 0,0084)\cdot 1,366 - 0,0084 = 0,2476 = \text{rd. } 0,248 \text{ cbm.}$$

Die Vermehrung des Volumens beträgt in diesem Fall mithin gegenüber dem des Naßdampfes:

$$\frac{0,248 - 0,179}{0,179} = 0,38 = \text{rd. } 38\,\%.$$

Das Gewicht von 1 cbm Dampf wird dann:

$$G_1 = \frac{V}{V_1}\cdot G = \frac{0,179}{0,248}\cdot 5,55 = 4,0 \text{ kg.}$$

Volumen V_1 und Gewicht G_1 für Heißdampf.

T		Dampfdruck p in at absol.									
		7	8	9	10	11	12	13	14	15	16
		Temperatur t in Grad C.									
=		164	169,5	174	178,9	183	187	190,5	194	197,2	200,3
200	V_1	0,299	0,258	0,230	0,205	0,186	0,170	0,156	0,145	0,135	0,126
	G_1	3,325	3,838	4,157	4,780	5,340	5,840	6,370	6,853	7,361	7,943
250	V_1	0,329	0,287	0,245	0,228	0,206	0,188	0,174	0,161	0,150	0,140
	G_1	3,02	3,497	3,865	4,378	4,837	5,320	5,784	6,230	6,693	7,219
300	V_1	0,362	0,315	0,279	0,250	0,227	0,207	0,191	0,177	0,165	0,154
	G_1	2,746	3,156	3,574	3,975	4,334	4,798	5,198	5,608	6,025	6,495
350	V_1	0,394	0,344	0,305	0,273	0,248	0,226	0,208	0,193	0,180	0,168
	G_1	2,523	2,890	3,270	3,635	4,00	4,395	4,770	5,143	5,520	5,955
400	V_1	0,426	0,372	0,331	0,295	0,268	0,245	0,226	0,209	0,195	0,182
	G_1	2,333	2,688	3,035	3,379	3,723	4,078	4,426	4,718	5,127	5,518
450	V_1	0,458	0,400	0,356	0,318	0,288	0,264	0,243	0,226	0,210	0,197
	G_1	2,170	2,486	2,801	3,123	3,446	3,762	4,082	4,292	4,734	5,081

Zur Erleichterung der etwas umständlichen Rechnung sind in vorstehender Zahlentafel die Werte von V_1 und G_1 für verschiedene Spannungen und Temperaturstufen aufgeführt. Für 11 at findet sich V_1 bei 350° zu 0,248 cbm und G_1 zu 4,0 kg.

Dann ist zunächst die Dampfgeschwindigkeit v für folgende Verhältnisse: $Q = 10000$ Stkg; $p = 11$ at absol. Innendmr. der Leitung $= 175$ mm; $f = 0,024$; $G = 4,0$ kg, unter Benutzung der Tafel Seite 25:

$$v = \frac{Q}{3600 \cdot G_1 \cdot f} = \frac{10000}{4 \cdot 86,4} = 28 \text{ Sekm.,}$$

und ferner für die Leitungslänge $L = 50$ m

$$\text{die Zeit } z = \frac{L}{V} = \frac{50}{28} = 1,785 \text{ Sek.}$$

Dann ist wie vor (S. 22): Der Temperaturabfall T_v von einem Ende der Leitung zum andern $(t_1 - t_2)$ angenommen zu 10°:

$$t_m = \frac{(t_1 + t_2)}{2} = \frac{350 + 340}{2} = 345°; \quad t_0 = + 10°;$$

$G_1 = 4$; $s_1 = 0,535$; d angenommen zu 0,07 m; die mittlere Oberfläche der Leitung von 175 mm Innendmr bei 20 isolierten Flanschverbindungen, 3 isolierten Ventilen mit je 3 weiteren Flanschverbindungen und 1 isolierten Wasserabscheider (S. 24 und 27):

$$F = (0,82 \cdot 50) + (23 \cdot 0,41) + (3 \cdot 2,1) + 2,1 = 58,8 \text{ rd. } 60 \text{ qm.}$$

Dann hat man den Wärmeverlust (wie S. 22):

$$W = \frac{F \cdot t_m - t_0) \cdot k \cdot K \cdot z}{d \cdot 3600} = F \cdot (t_m - t_0) \cdot z \cdot x$$

$$= 60 (345 - 10) \cdot 1,785 \cdot 0,00053 = 19 \text{ WE,}$$

und der Temperaturverlust

$$T_v = (t_1 - t_2) = \frac{W}{G_1 \cdot s_1} = \frac{19}{4 \cdot 0,535} = 9° \text{ oder } \frac{9}{50} = 0,18° \text{ auf den lfd. m.}$$

Vergleicht man damit wieder den Wärmeverlust von 1 qm naktem Rohr im Verhältnis der Geschwindigkeiten $= 6500$ WE stündlich, bei 0,6 qm Rohroberfläche, etwa 80% Wärmeersparnis durch Isolierung $= 20\% = 0,2$ Verlust und $G_1 \cdot s_1 = 2,14$, so hat man auf 1 m Länge:

$$T_v = \frac{6500 \cdot 0,6 \cdot 1,785 \cdot 0,2}{3600 \cdot 2,14} = \text{rd. } 0,18°.$$

Würde man beispielsweise den Einfluß der in der Leitung befindlichen Ventile und Wasserabscheider ausschalten, also etwa eine Garantie nur auf den glatten Rohrstrang mit Flanschen beziehen, so hätte man bei vorgenannten Verhältnissen:

$$F = (0,82 \cdot 50) + (20 \cdot 0,41) = \text{rd. } 50 \text{ qm.}$$

Dies gibt unter Zusammenziehung der beiden vorstehenden Ansätze:

$$T_v = \frac{50 \cdot (345-10) \cdot 1,785 \cdot 0,00053}{2,14} = 7,5^0 \text{ auf 50 m.}$$

Rechnet man nur die glatte durchweg isolierte Leitung ohne irgendwelche Flansche und Ausrüstungsstücke, so ist:

$$F = 0,82 \cdot 50 = 41 \text{ qm und}$$

$$T_v = \frac{41 \, (345 - 10) \cdot 1,785 \cdot 0,00053}{2,14} = \text{rd. } 5^0 \text{ auf 50 m.}$$

Wäre die Außentemperatur mit beispielsweise -20^0 vorgeschrieben, statt mit $+10^0$ angenommen, so würde man beim ersten Beispiel haben:

$$T_v = \frac{60 \, (345 - [-20]) \cdot 1,785 \cdot 0,00053}{4 \cdot 0,535}$$

$$= \frac{60 \cdot (345 + 20) \cdot 1,785 \cdot 0,00053}{2,14} = \text{rd. } 10^0 \text{ auf 50 m}$$

$$= \frac{10}{50} = 0,2^0 \text{ auf den lfd. m.}$$

Hätte man überall die halbe Geschwindigkeit, so wäre der Verlust der doppelte, bei ein Viertel der Geschwindigkeit der vierfache.

Die Kondensatmenge C würde betragen (S. 29) bei der Verdampfungswärme r (S. 10) und dem Wärmeverlust W des nakten Rohrs von 6500 WE stündlich (S. 8) für 1 qm Oberfläche des nakten Rohrs:

$$C = \frac{W}{r} = \frac{6500}{477} = 13,62 \text{ kg stündlich.}$$

Das eiserne Rohr (S. 24) von 175 mm Innendmr hat 0,6 m Umfang und 50 m Länge, mithin 30 qm Oberfläche und verliert bei vollständiger Isolierung sämtlicher Teile in 1,785 Sek $= 19$ WE oder an Kondensat für 1 qm Oberfläche:

$$C = \frac{W \cdot 3600}{z \cdot r \cdot F} = \frac{19 \cdot 3600}{1,780 \cdot 477 \cdot 30} = 2,67 \text{ kg stündlich.}$$

Dieser Wert ist **praktisch** richtig. Um ihn aber bei der hohen Temperatur von 350° in Übereinstimmung zu bringen mit der früher (S. 9) angegebenen **theoretischen Wärme-** bzw. Kondensatersparnis von rd. 87 %, muß man sich erinnern, daß bei Berechnung des Wärmeverlustes (S. 22) ein Erfahrungs- bzw. Sicherheitskoeffizient von $K = 1{,}5$ eingesetzt wurde. Man hätte also für den Wert C das Verhältnis von $1:1{,}5$ zu rechnen = rd. 0,7. Demnach würde $C = 2{,}67 \cdot 0{,}7 = 1{,}87$ kg und die Ersparnis aus der Isolierung der Leitung gegenüber dem nackten Rohr:

$$\frac{13{,}6 - 1{,}8}{13{,}6} = 0{,}87 \text{ rd. } 87\,\%.$$

Der Spannungsabfall S würde nun wieder werden (S. 30):

$$S = 0{,}000\,000\,105 \cdot G_1 \frac{L + l}{D} \cdot v^2.$$

Den Wert l setzen wir für 3 Ventile und 1 Wasserabscheider $= 4 \cdot 18{,}4 = 73{,}6$ rd. 74 m und haben dann für vorstehendes Beispiel:

$$S = 0{,}000\,000\,105 \cdot 4 \cdot \frac{(50 + 74)}{0{,}175} \cdot 28^2 = \text{rd. } 0{,}23 \text{ at.}$$

Der Berechnung von außergewöhnlich langen Leitungen diene folgendes Beispiel:

In eine 800 m lange Rohrleitung von 350 mm Innendmr mit 4 Wasserabscheidern, 160 Flanschen und 2 Ventilen tritt Dampf von 12 at Betriebsspannung mit 350° und 30 Sekm. Geschwindigkeit ein. Die Isolierstärke ist mit 70 mm = 0,07 m gewählt, Flansche und Ausrüstungsstücke sind vollständig isoliert. Zunächst ist der mittlere Dmr $= 370 + 70 = 0{,}44$ m, der Umfang davon $= 0{,}44 \cdot 3{,}1416 = 1{,}382$ m. Daher:

$$F = (1{,}382 \cdot 800) + (172 \cdot 0{,}93) + (2 \cdot 5{,}85) + (4 \cdot 4{,}6) = 1295{,}6 \text{ qm.}$$

Daraus die mittlere Oberfläche für eine Teilstrecke von

$$50 \text{ m} = \frac{1295 \cdot 50}{800} = 81 \text{ qm.} \quad \text{Ferner sei: } t_o = + 15; \; (t_1 - t_2) = 10°;$$

$$G_1 = 4{,}77; \; s_1 = 0{,}543; \; G_1 \cdot s_1 = 2{,}6; \; z = \frac{50}{30} = \text{rd. } 1{,}7 \text{ Sek. } x = 0{,}00053;$$

$$t_m = 350 - \frac{10}{2} = 345°; \quad \text{dann ist wie früher für die erste Teilstrecke:}$$

$$T_r = \frac{F \cdot (t_m - t_o) \cdot x \cdot z}{G_1 \cdot s_1} = \frac{81 \cdot (345 - 15) \cdot 0{,}00053 \cdot 1{,}7}{2{,}6} = 9{,}25°.$$

Für die zweite Teilstrecke ist: $T_v = (330 - 9) \cdot 0{,}028 = 8{,}98^0$; für die dritte Teilstrecke: $T_v = (321 - 9) \cdot 0{,}028 = 8{,}73^0$; usf. für die sechzehnte Teilstrecke $= 5{,}5^0$, so daß der Gesamtverlust $T_v = 121^0$ ist oder im Mittel $= \dfrac{121}{16} =$ rd. 8^0 für je 50 m.

Der durchschnittliche Verlust auf die 50 m lange Teilstrecke beträgt dann: $\dfrac{8}{50} = 0{,}16^0$ auf den lfd. m.

Die Kondensatmenge würde sein für den Wärmeverlust der ersten Teilstrecke: $W = T_v \cdot G_1 \cdot s_1 = 9{,}25 \cdot 2{,}6 = 24$ WE. Das Eisenrohr hat, ohne Rücksicht auf Flansche und Ähnl. $= 1{,}162 \cdot 50 = 58$ qm Oberfläche. Für Dampf von 12 at ist die Verdampfungswärme r (S. 10) $= 471$.

Dann ist wie früher:

$$C = \frac{W \cdot 3600}{z \cdot r \cdot F} = \frac{24 \cdot 3600}{1{,}7 \cdot 471 \cdot 58} = 1{,}85 \text{ kg}$$

für den qm stdl. oder für die ganze 800 m lange Leitung von $800 \cdot 1{,}162 =$ rd. 930 qm, des Gesamtkondensat stündlich: $930 \cdot 1{,}85 = 1720$ Liter oder kg.

Der Spannungsverlust endlich wird bei $l = 6 \cdot 18{,}7 =$ rd. 112:

$$S = 0{,}000\,000\,105 \cdot 4{,}77 \cdot \frac{800 + 112}{0{,}35} \cdot 30^2 = \text{rd. } 1{,}173 \text{ at.}$$

Abdampfleitungen.

Diese werden isoliert, wenn der abgehende Dampf zu Heizungszwecken verwendet werden soll.

Die Wirkung der Isolierung berechnet sich unter Benutzung der früheren Ansätze und nachstehender Tafel (s. Dampftafel II, S. 37).

Beispiel. Eine Abdampfleitung von 40 m Länge mit 8 Flanschverbindungen und 400 mm lichtem Dmr führe stündlich rd. 7800 kg Dampf von 1,2 at Spannung und 105^0. Die Isolierung ist zu 40 mm Stärke angenommen. Das Dampfgewicht beträgt $= 0{,}6907$; die spezifische Wärme (wie bei Naßdampf) $= 0{,}48$; der Wert $G \cdot s = 0{,}33$.

Dann ist zunächst die Geschwindigkeit (S. 19):

$$v = \frac{7800}{0{,}6907 \cdot 450} = \text{rd. } 25 \text{ Sekm};$$

Dampftafel II.

Spannung von 0,1 bis 5,0 at absol.

Dampf-druck p	Tem-peratur t	Gesamt-wärme von 1 kg, WE	1 cbm V hat kg G	Dampf-druck p	Tem-peratur t	Gesamt-wärme von 1 kg, WE	1 cbm V hat kg G
0,1	45,58	620,40	0,0665	2,6	128,02	645,55	1,4280
0,2	59,76	624,73	0,1281	2,8	130,48	646,30	1,5307
0,4	75,47	629,52	0,2459	3,0	132,80	647,00	1,6332
0,6	85,48	632,57	0,3600	3,2	135,00	647,68	1,7352
0,8	93,00	634,87	0,4719	3,4	137,09	648,31	1,8369
1,0	99,09	636,72	0,5832	3,6	139,08	648,92	1,9384
1,2	104,24	638,29	0,6907	3,8	140,99	649,50	2,0392
1,4	108,72	639,66	0,7983	4,0	142,82	650,06	2,1400
1,6	112,70	640,87	0,9050	4,2	144,58	650,60	2,2401
1,8	116,29	641,97	1,0109	4,4	146,27	651,11	2,3403
2,0	119,57	642,97	1,1161	4,6	147,90	651,61	2,4402
2,2	122,59	643,89	1,2206	4,8	149,47	652,09	2,5394
2,4	125,39	644,75	1,3245	5,0	150,99	652,55	2,6412

die Zeit z für 1 m demnach $= \dfrac{1}{25} = 0,04$. Die mittlere Oberfläche F bei acht vollständig isolierten Flanschen: für 1 m Länge:

$$F = \frac{(40 \cdot 1,455) + (8 \cdot 1,1)}{40} = \text{rd. } 1,7 \text{ qm.}$$

Für $+ 15^0$ Außentemperatur wäre dann, das Güteverhältnis K nach Seite 21 zu 1,65 angenommen:

$$T_v = t_1 - t_2 = \frac{1,7 (105 - 15) \cdot 0,0008 \cdot 0,04}{0,33} = 0,0148 \text{ rd. } 0,015^0.$$

Der Gesamtverlust in der 40 m langen Leitung mithin

$$= 0,015 \cdot 40 = 0,60^0 \text{ C.}$$

Bezieht man die Rechnung auf den Wärmeverlust des nakten Rohres so hat man: Oberfläche von 1 m Eisenrohr von 420 mm Außendmr $= 1,32$ qm. Wärmeverlust davon (S. 8) stündlich 945 WE; daher $1,3 \cdot 945 = 1230$ WE. Bei 64% Wärmeerparnis durch die Isolierung ist Verlust $= 36\%$ oder $1230 \cdot 0,36 = 443$ WE.

Das ist in der Zeit von 0,04 Sekunden:

$$\frac{443 \cdot 0,04}{3600 \cdot 0,33} = \text{rd. } 0,015^{\,0}$$

oder auf 40 m $= 0,6^0$ Verlust.

Flüssigkeitsleitungen.

Hierbei handelt es sich zumeist um Temperaturen von wenig über 100° C oder darunter. Man kann als Wärmeleitziffer $k = 0,07$ einsetzen und rechnet den Verlust auf 1 m Länge. Die Stromgeschwindigkeit liegt meist innerhalb 0,33 und 3 Sekm. Nimmt man die spezifische Wärme des Wassers feststehend zu 1 (vgl. S. 7) und das Gewicht von 1 cbm Wasser zu 1000 kg (genau bei 100° = 956 kg) an, so wäre der Temperaturverlust unter Benutzung des früheren Ansatzes:

$$T_v = (t_1 - t_2) = \frac{F \cdot (t_m - t_0) \cdot k \cdot K \cdot z}{d \cdot 3600 \cdot 1}.$$

Für die kurze Strecke von 1 m Länge kann man $t_m = t_1$ setzen, das Güteverhältnis K ist mit 2,0 anzunehmen.

Wie früher kann man nun den Wert $\dfrac{k \cdot K}{d \cdot 3600 \cdot 1}$ wieder mit x bezeichnen und für die verschiedenen Isolierstärken aus nachstehender Tafel entnehmen:

$d =$	0,02	0,03	0,04	0,05	0,06 m
$k =$			0,07		
$K =$			2,0		
$x =$	0,00194	0,00130	0,00097	0,00077	0,00065

Die Stromgeschwindigkeit rechnet sich für kurze Leitungen, abgesehen von dem Reibungswiderstand, zu:

$$v = \frac{Q}{3600 \cdot f} \text{ Sekm.}$$

Darin bezeichnet Q die Flüssigkeitsmenge in cbm stündlich, f den Rohrquerschnitt in qm.

Wassermengen in cbm stündlich

für verschiedene Geschwindigkeiten und Rohrdmr.

Geschwin-digkeit v in Sekm	Lichter Rohrdmr. in mm										
	50	70	100	150	200	250	300	350	400	450	500
0,2	0,1414	2,772	5,655	12,722	22,608	35,341	50,90	69,271	90,410	114,52	141,37
0,3	2,120	4,154	8,482	19,085	33,930	53,00	76,335	103,90	135,67	171,75	212,05
0,4	2,826	5,540	11,311	25,448	45,252	70,670	101,77	138,52	180,93	229,03	282,74
0,5	3,535	6,926	14,137	31,810	56,556	88,344	127,22	173,20	226,19	286,27	354,50
0,6	4,240	8,312	16,963	38,167	67,813	105,92	154,52	210,30	274,33	371,31	458,57
0,8	5,655	11,084	22,620	50,900	90,462	141,32	204,52	277,32	363,42	459,36	582,63
1,0	7,067	13,952	28,274	63,616	113,112	176,72	254,52	344,35	452,52	570,40	706,70
1,2	8,481	16,624	33,930	76,341	135,721	212,04	305,38	414,41	537,14	678,94	838,50
1,4	9,896	19,397	39,582	89,064	158,33	247,39	356,24	484,48	621,76	768,77	949,35
1,5	10,603	20,781	42,415	95,425	169,630	265,06	381,70	519,34	672,86	858,60	1060,20
1,6	11,311	22,165	45,247	101,786	180,93	282,74	407,16	554,20	723,96	915,07	1130,10
1,8	12,722	24,937	51,878	114,512	203,560	318,10	458,03	609,91	795,97	1030,11	1271,90
2,0	14,137	27,709	56,549	127,234	226,19	353,41	508,91	665,63	867,98	1145,16	1413,70
2,2	15,552	30,481	62,204	139,950	248,75	388,60	559,60	739,66	964,52	1234,70	1524,07
2,4	16,953	33,250	67,860	152,685	271,32	423,80	597,86	813,69	1047,82	1324,24	1634,44
2,5	17,665	34,636	70,686	159,05	282,74	441,72	636,12	865,91	1131,12	1422,18	1755,90
2,6	18,378	36,022	73,512	165,40	293,91	459,08	674,23	917,63	1203,43	1520,13	1877,36
2,8	19,792	38,800	79,167	178,125	316,61	494,68	712,34	978,34	1275,75	1618,84	1998,88
3,0	21,204	41,562	84,763	190,85	339,30	530,28	763,41	1039,06	1357,2	1717,56	2120,40

Man kann für die Ausrechnung ohne weiteres die Tafel auf Seite 19 benutzen und hätte dann z. B. für ein Rohr von 100 mm lichtem Dmr bei $Q = 28$ Stdcbm:

$$v = \frac{28}{3600 \cdot 0,0078} = \frac{28}{28,08} = \text{rd. 1 Sekm.}$$

Ist die Menge Q in Litern stündlich angegeben, so ist zu setzen:

$$\frac{28\,000}{3600 \cdot 0,0078 \cdot 1000} = \text{rd. 1 Sekm.}$$

Vorstehende Zahlentafel enthält die Werte von v für verschiedene Durchmesser und Mengen, unter Berücksichtigung der Reibungsverluste.

Beispiel: Eine Leitung von 80 m Länge und 150 mm Dmr fördert bei $+ 10^\circ$ Außentemperatur stündlich 76,3 cbm Wasser von 100° Anfangstemperatur. Die Isolierung ist zu 40 mm gewählt.

Die Geschwindigkeit wäre dann (S. 38) oder nach der Zahlentafel:

$$\frac{76,3}{3600 \cdot 0,0176} = \frac{76,3}{63,36} = \text{rd. 1,2 Sekm}$$

und die Zeit $z = \dfrac{1}{1,2} = 0,83$ Sek.

Die mittlere Oberfläche bei 16 isolierten Flanschverbindungen ist für 1 m Länge:

$$F = \frac{(80 \cdot 0,625) + (16 \cdot 0,35)}{80} = \frac{56}{80} = \text{rd.} \, 0,7 \, \text{qm}$$

und der Verlust:

$$T_v = \frac{0,7 \, (100 - 10) \cdot 2 \cdot 0,07 \cdot 0,83}{0,04 \cdot 3600 \cdot 1} = 0,7 \cdot 90 \cdot 0,00097 \cdot 0,83 = \text{rd. } 0,05^\circ$$

oder auf 80 m Länge $= 4^\circ$.

Der Temperaturverlust T_v steht wie beim Dampf im umgekehrten Verhältnis zur Stromgeschwindigkeit v.

Man hätte bei vorstehendem Beispiel mithin den gefundenen Wert für die Geschwindigkeit von 0,5, 1,0, 1,5 und 2 Sekm zu rechnen:

$$\frac{1,2 \cdot 4}{0,5} = 9,6^\circ; \quad \frac{1,2 \cdot 4}{1} = 4,8^\circ;$$

$$\frac{1,2 \cdot 4}{1,5} = 3,2^\circ; \quad \frac{1,2 \cdot 4}{2} = 2,4^\circ \text{ usf.}$$

Läge die Außentemperatur unter $\pm\,0^0$, so wäre wie beim Dampf zu setzen:

$$T_v = \frac{0,7\,(100 + 10) \cdot 2 \cdot 0,07 \cdot 0,8}{0,04 \cdot 3600} = \text{rd. } 0,062$$

oder auf 80 m Länge $= 0,062 \cdot 80 = 4,9$ rd. 5^0.

Luftleitungen.

Die Wärme- bzw. Temperaturverluste in Leitungen für warme oder kalte Luft lassen sich in ganz ähnlicher Weise berechnen wie bei Dampf- und Wasserleitungen.

Die spezifische Wärme der Luft ist (S. 7) bei 760 mm Quecksilbersäule und unverändertem Druck $= s = 0,238$ WE für 1 kg, oder da 1 cbm Luft von 0^0 Temperatur unter gleichen Verhältnissen 1,293 kg wiegt, so hat 1 cbm $= 1,293 \times 0,238 = $ rd. 0,31 WE.

Bei ihrer Erwärmung dehnt sich die Luft für jeden Grad Temperaturerhöhung aus um $\frac{1}{273} = 0,003665$ desjenigen Volumens, welches sie bei 0^0 und konstantem Druck einnimmt. Demnach würde das Volumen V von auf 100^0 erwärmter Luft betragen $= 1 + (0,00366 \cdot 100)$ cbm $= 1,366$ cbm, wenn dieselbe Luftmenge bei 0^0 einen Raum von 1 cbm einnimmt.

Das Gewicht G von 1 cbm würde sein:

$$G = 1,293 \cdot \frac{273}{273 \cdot T}$$

also für denselben Fall:

$$G = 1,393 \cdot \frac{273}{273 + 100} = 0,946 \text{ kg.}$$

Die Werte von G und V sind für die Temperaturen von 30 bis 800^0 in nachstehender Zahlentafel aufgeführt.

Die Stromgeschwindigkeit v (S. 18) würde sein für eine Luftmenge Q in cbm stündlich:

$$V = \frac{Q}{3600 \cdot f}$$

und die Zeit z bei einer Länge L der Rohrleitung $= z = \frac{L}{v}$.

Für eine Außentemperatur t_o von $\pm\,0^0$ ist alsdann der Wärmeverlust W wie früher (S. 22):

$$W = \frac{F \cdot [(t_m - (\pm\, t^o)] \cdot k \cdot K \cdot z}{d \cdot 3600}$$

Volumen V und Gewicht G von 1 cbm erwärmter Luft
bei 760 mm Quecksilbersäule und gleichbleibendem Druck für verschiedene Temperaturen.

Temperaturen Grad C	$V =$	$G =$	Temperaturen Grad C	$V =$	$G =$	Temperaturen Grad C	$V =$	$G =$
30	1,110	1,165	250	1,915	0,676	550	3,013	0,429
50	1,183	1,102	300	2,100	0,611	600	3,20	0,403
70	1,256	1,04	350	2,281	0,565	650	3,38	0,388
100	1,366	0,946	400	2,464	0,526	700	3,562	0,364
150	1,550	0,843	450	2,647	0,490	750	3,745	0,345
200	1,732	0,741	500	2,830	0,455	800	3,930	0,325

und der Temperaturverlust:

$$T_v = \frac{W}{G \cdot s}$$

oder unter Einführung von $\dfrac{k \cdot K}{3600 \cdot d} = x$ nach Seite 22:

$$T_v = \frac{F \cdot [(tm - (\pm\, t_0)]\, x \cdot z}{G \cdot s}.$$

Beispiel: Eine 250 m lange Leitung von 800 m lichtem Dmr fördert stündlich 5500 cbm angesaugte, auf 400° erwärmte Luft. Die Stärke der Isolierung soll 70 mm, die Wandstärke des Rohres 10 mm betragen; der Temperaturverlust ist anzugeben bei freien und bei isolierten Flanschverbindungen für eine Außentemperatur von + 20° und von —10° C.

Es ist: Volumen V von 1 cbm (s. Zahlentafel) = 2,464, von 5500 cbm mithin 2,464 · 5500 = 13552 cbm stündlich. Daher Geschwindigkeit bei $f = 0,503$ (S. 16):

$$v = \frac{13552}{3600 \cdot 0,503} = 7,48 \text{ rd. } 7,5 \text{ Sekm.}$$

Die mittlere Oberfläche F der ganzen Leitung beim mittleren Umfang für $280 + \left(2 \times \dfrac{70}{2}\right) = 890$ mm mittlerem Dmr (S. 16) = 2,8 m Umfang und 50 isolierten Flanschen von je 2 qm = $F = (250 \cdot 2,8) + (50 \cdot 2)$ = 800 qm, bei nicht isolierten Flanschverbindungen und einem

Wirkungsgrad der Isolierung von 85%, also dem Verhältnis von $85 \cdot 15 =$ rd. 5,7 (S. 24):

$$F = (250 \cdot 2{,}8) + (50 \cdot 2 \cdot 5{,}7) = 1270 \text{ qm.}$$

Das Verhältnis der beiden Oberflächen bei isolierten und nakten Flanschen ist demnach $1270 : 800 =$ rd. 1,6; mit diesem Wert sind später die Temperaturverhältnisse der durchweg isolierten Leitung zu multiplizieren.

Ferner ist das Gewicht von 1 cbm $= G = 0{,}526$; die spezifische Wärme $s = 0{,}238$; daher $G \cdot s = 0{,}526 \cdot 0{,}238 = 0{,}125$.

Den Wert x wählen wir für mittlere Ausführung aus Tafel S. 21 zu 0,00062; die Zeit z wird bei $v = 7{,}5$ Sekm auf 1 m Länge $= \dfrac{1}{7{,}5} = 0{,}133$ Sek.

Die mittlere Oberfläche F für 1 m Länge ist $\dfrac{800}{250} = 3{,}2$ qm; für die kurze Strecke von 1 m können wir t_0 der Anfangstemperatur von 400° gleich setzen und haben dann für eine Außentemperatur von $+ 20°$:

$$T_v = \frac{3{,}2\,(400 - 20) \cdot 0{,}00062 \cdot 0{,}133}{0{,}125} = 0{,}8°\ \text{für 1 lfd. m,}$$

das ist für eine erste Teilstrecke von 50 m Länge $= 50 \cdot 0{,}8 = 40°$.

Für die zweite Teilstrecke würde die Eintrittstemperatur $= 400 - 40 = 360°$ sein, der Verlust mithin für 1 m:

$$T_v = \frac{3{,}2\,(360 - 20) \cdot 0{,}00062 \cdot 0{,}133}{0{,}125} = 0{,}72°,$$

für 50 m also $50 \cdot 0{,}72 = 36°$ usf., bis in der fünften Teilstrecke der Verlust noch 26° beträgt oder im ganzen 163°, d. i. ein durchschnittlicher Verlust von $\dfrac{163}{250} =$ rd. 0,65° der lfd. m.

Für $-10°$ Außentemperatur würde man haben:

$$T_v = \frac{3{,}2\,[400 - (-10)]\,0{,}00062 \cdot 0{,}133}{0{,}125} = \frac{3{,}2 \cdot 410 \cdot 0{,}00062 \cdot 0{,}133}{0{,}125} = 0{,}86°,$$

also für eine Teilstrecke von 50 m: $50 \times 0{,}86 = 43°$, für die 250 m lange Leitung im ganzen 175° oder durchschnittlich:

$$\frac{175}{250} = 0{,}7°\ \text{der lfd. m.}$$

Wären die Flanschverbindungen nicht isoliert, so müßte in beiden Fällen der Verlust mit 1,6 gerechnet werden und würde dann betragen $1{,}6 \times 163 = 261$ und $1{,}6 \times 175 = 280°$.

Zu dem gleichen Ergebnis kommt man, wenn man von dem Wärmeverlust eines nakten Rohres (S. 8) von 6060 WE für den Stdqm bei 400° Innentemperatur ausgeht. 1 lfd. m hat einschließlich des Anteils der Flanschoberflächen rd. 3 qm; bei 85% Wärmeersparnis würde der Verlust betragen rd. 15% = 0,15. Man hat dann den Verlust für 1 lfd. m in der Zeit $z = 0{,}133$ Sek.:

$$\frac{6060 \cdot 3 \cdot 0{,}15 \cdot 0{,}133}{3600 \cdot 0{,}125} = 0{,}8^0$$

wie in der ersten Teilstrecke.

Würde man die Stromgeschwindigkeit von 7,5 Sekm verdoppeln, so würde der Verlust wieder die Hälfte, würde man sie vervierfachen, würde er ein Viertel betragen.

Kälteisolierungen.

Man verwendet dafür vorzugsweise Korksteinerzeugnisse, welche keine Feuchtigkeit aufnehmen dürfen und außerdem geruchlos und frei an phenol- und pyridinhaltigen Verbindungen sein müssen.

Bei Kühlräumen wählt man meistens für die Decke 12 cm, für die Wände 10 cm, für den Fußboden 8 cm; oder auch etwas geringere Stärken.

Hier ist ein Vergleichsversuch interessant, welchen 1906 der städtische Chemiker Dr. Nattermann in M.-Gladbach anstellte, indem er einen mit 30 kg Eisstückchen angefüllten Zinkblechkasten derart in einem größeren unterbrachte, daß der Zwischenraum allseitig in gleicher Stärke mit Isoliermasse ausgefüllt war, und die aus zwei solchen Versuchskörpern mit verschiedener Isoliermasse in gleichen Zeiträumen abgelaufene Schmelzwassermenge verglich. In einem Fall bestand die Isolierung des einen Versuchskörpers lediglich aus der zwischen dem kleinen und großen Kasten befindlichen Luftschicht, die des anderen aus Korkstein. Der geringe Wert der Luftschicht zeigte sich auch hier, indem bei dieser sich durchschnittlich sechsmal so viel Schmelzwasser zeigte wie bei der Korksteinisolierung.

Man rechnet bei Kälte in gleicher Weise mit Wärmeeinheiten wie bei der Wärme und kann annehmen, daß 1 qm naktes Eisenrohr für jeden Grad Temperaturunterschied stündlich durchschnittlich 7 WE abgibt.

Die Wärmeleitzahl k wird bei guten Ausführungen mit 0,05[1] angegeben, d. h. der stündliche Wärmedurchgang durch einen Korksteinwürfel von 1 m Seitenlänge beträgt für jeden Grad Temperaturunterschied rd. 0,05 WE.

Hiernach rechnet sich nachstehende Aufstellung für verschiedene Wandstärken:

Wand-stärke mm	Stündlich durch-gehende WE für 1 qm Fläche	Wirkungsgrad = Ersparnis in % der Isolierung bei $k = 0,05$	Wand-stärke mm	Stündlich durch-gehende WE für 1 qm Fläche	Wirkungsgrad = Ersparnis in % der Isolierung bei $k = 0,05$
30	1,67	76	80	0,63	90
40	1,25	82	90	0,56	91
50	1,00	86	100	0,5	92
60	0,84	88	110	0,46	93
70	0,73	89	120	0,42	94

Setzt man die Wandstärke d in Metern ein und nennt die durchgehende Wärmemenge W, so hat man:

$$W = \frac{k}{d}, \text{ also z. B. } \frac{0,05}{0,03} = 1,67 \text{ WE.}$$

Der Wirkungsgrad rechnet sich danach für 7 WE Verlust beim nakten Rohr und 30 mm Wandstärke zu: $\dfrac{7 - 1,67}{7} = 0,76 = 76\%$

und bei 120 mm Wandstärke zu: $\dfrac{7 - 0,42}{7} = 0,94 = 94\%.$

Zur Berechnung des Verlustes an Wärmeeinheiten muß man nun wieder einen Sicherheitswert K einführen, den man entsprechend der Güte des verwendeten Materials und der Sorgfalt der Ausführung nach Seite 21 wählen kann.

Beispiel: Ein Kühlraum von 2,5 m Höhe, 10 m Länge und 4 m Breite ist mit durchschnittlich 10 cm starkem Korkstein überall belegt und soll bei durchschnittlich $+ 20°$ Aussentemperatur dauernd auf $-2°$ gehalten werden. Welche Kälteleistung in WE ist nötig?

---

[1] Grünzweig & Hartmann, 1904.

Die Oberfläche des Raumes beträgt zunächst rd. 150 qm. Die stündlich durch 1 qm gehende Wärmemenge beträgt laut vorstehender Aufstellung bei 100 mm Wandstärke der Isolierung $= 0,5$ WE für jeden Grad Temperaturunterschied. Mit Rücksicht auf die unterirdische Lage des Raumes wählen wir (S. 21) $K = 1,5$ und haben dann den Verlust:

$$W = 150 \cdot 0,5 \cdot (20 - 2) \cdot 1,5 = 2025 \text{ WE stündlich.}$$

Bei kälteführenden Rohrleitungen, welche gegen Verlust geschützt werden sollen, ist die Rechnung dieselbe; nur ist hier wieder die mittlere Durchgangsfläche einzuführen.

Hätte z. B. die vom Kälteerzeuger bis zu vorgenanntem Kühlraum führende Rohrleitung 64 mm Innendmr und 13 m Länge, so wäre bei 40 mm Isolierung und drei Flanschverbindungen die Oberfläche:

$$F = (0,345 \cdot 13) + (3 \cdot 0,14) = \text{rd. 5 qm,}$$

der Verlust also unter denselben Annahmen wie vorstehend:

$$W = 5 \cdot 1,25 (20 - 2) \cdot 1,5 = \text{rd. 170 WE stündlich.}$$

Der Gesamtverlust würde mithin betragen:

$$2025 + 170 = 2195 \text{ rd. 2200 WE stündlich.}$$

Spezifisches Gewicht.

Man versteht darunter das Gewicht von 1 Kubikdezimeter Material $= 1$ Liter $= 1$ qm von 1 mm Stärke. 1 Liter $= 1$ cbdcm Wasser wiegt bei $+ 4^\circ$ C 1 kg.

Bei fester Masse, z. B. Korkstein, läßt sich das spezifische Gewicht dadurch feststellen, daß man ein Stück rechtwinklig zuschneidet, ausmißt, wiegt und den Inhalt in cbdcm berechnet. Wäre z. B. ein Stück 100 mm lang, 80 mm breit und 50 mm dick, so wäre dessen Inhalt $= 1 \cdot 0,8 \cdot 0,5 = 0,4$ cbdcm.

Wiegt das Stück 200 g $= 0,2$ kg, so wiegt 1 cbdcm der

$$\text{Masse} = \frac{1}{0,4} \cdot 0,2 = \frac{0,2}{0,4} = 0,50 = \text{spezifisches Gewicht.}$$

Man erhält also das spezifische Gewicht des Körpers, indem man sein Gewicht in kg durch seinen Inhalt in cbdcm teilt.

Da dies zugleich das Gewicht von 1 qm bei 1 mm Stärke ist, so würde 1 qm von 50 mm Stärke wiegen $= 0,5 \cdot 50 = 25$ kg.

Wäre 1 lfd. m Rohr von 108 mm Außendmr 50 mm stark mit dieser Masse isoliert, so würde die mittlere Oberfläche betragen (Rohrtafel S. 14) = 0,499 = rd. 0,5 qm. Da 1 qm Isolierung 25 kg wiegt, so wiegt der lfd. m = 0,5 · 25 = 12,5 kg.

Bei zusammengesetzten Isolierungen läßt sich das spezifische Gewicht in der Weise ermitteln, daß man ein beliebiges Rohrstück wiegt, isoliert, das Ganze dann wieder wiegt und das Gewicht des Eisenrohres abzieht. Hätte z. B. ein Rohrstück von 1,3 m Länge und 102 mm Außendmr vor der Isolierung = 11,7 kg gewogen, mit Isolierung = 32 kg, so wiegt die Isolierung 32 — 11,7 = 20,3 kg. Beträgt die Isolierstärke 60 mm, so ist die mittlere Oberfläche (S. 14) = 0,509 · 1,3 = 0,66 qm im Gewicht von = 20,3 kg. Demnach wiegt 1 qm von 60 mm Stärke:

$$\frac{1}{0,66} \cdot 20,3 = \frac{20,3}{0,66} = 30,7 \text{ kg}.$$

Da 1 qm von 1 mm Stärke = 1 cbdcm ist, so ist das Gewicht von 1 cbdcm = $\frac{30,7}{60}$ = 0,511 kg = dem spezifischen Gewicht der Isolierung.

Kostenanschläge.

Die Berechnung erfolgt meist unter Zugrundelegung eines Quadratmeterpreises, bei Rohrleitungen indessen auch nach laufenden Metern. Wünschenswert ist unter allen Umständen außer genauen Angaben des Anfragenden (S. 18) die Beigabe einer genauen und übersichtlichen Zeichnung der zu isolierenden Gegenstände; für Berechnung von Leistungsgarantien ist sie unbedingt notwendig.

Die Ermittlung der Quadratmeteranzahl geschieht immer nach den Aussenmaßen, und zwar ohne Rücksicht auf Unterbrechung der Fläche durch Flansche, Abzweigungen, Mannlochdeckel u. a. m. Dies ist schon dadurch gerechtfertigt, daß diese Unterbrechungen mindestens ebensoviel Arbeit kosten wie die etwa dadurch erzielte Materialersparnis und die Umständlichkeit der Berechnung tatsächlich diese Abzüge nicht lohnt.

Für den Anschlag bedient man sich zweckmäßig des nachstehenden Schemas, für die Ermittlung der Flächen der schon besprochenen Zahlentafeln Seite 17 und 18 und für Umrechnung der Quadratmeterpreise auf laufende Meter der folgenden Preistafel.

Anfrage vom: ……………… Angebot Nr.: …… Dampfdruck: ……… at. Temp.: ……… Grad C. Außentemp.: …… Grad C.

Firma: ……………………………………… Dampfmenge: …… Stdkg. Geschwindigkeit: …… Sekm.

| Gegenstand: | Dmr | Schicht | Ganz-Dmr | Um-fang | Länge | qm außen | 1 qm kostet | 1 lfd. m kostet | Zus. | Flanschen-kapseln | | | Zus. | Bemerkungen Ventile und Formstücke |
| | | | | | | | | | | Dmr | Stück | Stück-preis | | |
	mm	mm	m	m	m		$\mathscr{M}$	$\mathscr{M}$	$\mathscr{M}$			$\mathscr{M}$	$\mathscr{M}$	
Dampfleitung . . .	50/57	40	—	0,430	23,0	10,0	8,0	3,44	80,0	160	5	6,50	32,50	2 Vent. 1 Formst.
„	100/108	50	—	0,653	18,0	12,0	10,0	6,53	120,0	240	4	8,00	32,00	2 Vent. 1 Formst.
1 Wasserabscheider .	100	50	—	—	—	0,5	10,0	—	5,0	240	2	8,00	16,00	—
1 Dampfzylinder . .	400	100	0,6	1,9	1,0	1,9	20,0	—	38,C	—	—	—	—	—
1 Dampfdom . . .	700	60	0,82	—	0,86	2,75	12,0	—	33,0	—	—	—	—	—
1 Kesselstirnwand .	1300	60	1,42	—	—	1,60	12,0	—	19,50	—	—	—	—	2 Formst.
							Zusammen Mk.:		295,50				80,50	376,00

Preise von 1 lfd. m Rohr-Isolierung

Rohr-dmr, außen	bei Auftragstärke von mm:											
	20			25			30			40		
	Grundpreise von 1 qm isolierte Fläche in Mk.:											
mm	3	4[1])	5	4	5[1])	6	5	6[1])	7	6	7	8[1])
10	0,47	0,63	0,78									
13	0,50	0,66	0,83	0,80	0,98	1,18						
16,5	0,53	0,71	0,88	0,83	1,04	1,25						
21	0,57	0,76	0,95	0,89	1,11	1,33	1,27	1,52	1,78			
26	0,62	0,83	1,04	0,96	1,20	1,44	1,35	1,62	1,90			
33	0,70	0,92	1,15	1,04	1,30	1,56	1,46	1,75	2,05	2,13	2,48	2,84
38	0,73	0,98	1,23	1,09	1,34	1,60	1,54	1,85	2,16	2,22	2,60	2,97
41,5	0,77	1,02	1,28	1,15	1,44	1,72	1,60	1,92	2,23	2,30	2,67	3,06
44,5	0,80	1,06	1,32	1,20	1,48	1,78	1,64	1,97	2,30	2,35	2,74	3,13
47,5	0,82	1,10	1,37	1,22	1,53	1,84	1,70	2,03	2,37	2,40	2,81	3,21
51	0,85	1,14	1,43	1,27	1,58	1,90	1,74	2,10	2,44	2,46	2,88	3,30
54	0,90	1,18	1,48	1,31	1,64	1,96	1,80	2,15	2,51	2,52	2,95	3,37
57	0,92	1,22	1,53	1,34	1,68	2,02	1,83	2,20	2,57	2,58	3,01	3,44
60	0,94	1,25	1,57	1,38	1,73	2,07	1,88	2,26	2,64	2,64	3,08	3,52
63,5	0,98	1,30	1,62	1,42	1,78	2,14	1,94	2,33	2,72	2,70	3,16	3,61
70	1,04	1,38	1,73	1,51	1,88	2,26	2,04	2,45	2,86	2,82	3,30	3,77
76	1,09	1,46	1,82	1,58	1,98	2,37	2,13	2,56	3,0	2,94	3,43	3,92
83	1,16	1,54	1,93	1,67	2,10	2,51	2,24	2,70	3,15	3,07	3,58	4,10
89	1,22	1,62	2,03	1,74	2,18	2,62	2,34	2,81	3,28	3,18	3,72	4,25
95	1,27	1,70	2,12	1,82	2,27	2,73	2,43	2,92	3,41	3,30	3,85	4,40
102	1,34	1,78	2,23	1,91	2,38	2,86	2,54	3,05	3,56	3,43	3,90	4,58
108	1,40	1,86	2,33	2,00	2,50	3,00	2,64	3,17	3,70	3,54	4,14	4,73
114	1,45	1,94	2,42	2,06	2,57	3,10	2,73	3,28	3,82	3,65	4,26	4,87
121	1,52	2,02	2,53	2,15	2,70	3,22	2,84	3,41	3,98	3,78	4,42	5,05

[1]) Quadratmeterpreis von 20 Pf. für 1 mm Stärke.

Preise von 1 lfd. m Rohr-Isolierung

Rohr-dmr, außen	bei Auftragstärke von mm					
	30			40		
	Grundpreise von 1 qm isolierte Fläche in Mk.					
mm	5	6[1]	7	6	7	8[1]
127	2,93	3,52	4,11	3,90	4,55	5,20
133	3,03	3,64	4,24	4,01	4,63	5,35
140	3,14	3,77	4,40	4,14	4,84	5,53
146	3,23	3,88	4,53	4,26	4,97	5,68
152	3,33	4,00	4,66	4,37	5,10	5,83
159	3,44	4,13	4,82	4,50	5,26	6,01
165	3,53	4,24	4,95	4,62	5,40	6,16
171	3,63	4,36	5,10	4,73	5,52	6,30
178	3,74	4,50	5,24	4,86	5,67	6,48
191	3,94	4,73	5,52	5,10	5,96	6,81
203	4,13	4,96	5,78	5,33	6,22	7,11
216	4,33	5,20	6,07	5,58	6,51	7,44
229	4,54	5,45	6,36	5,82	6,80	7,76
241	4,72	5,67	6,62	6,05	7,06	8,07
254	4,93	5,92	6,90	6,29	7,34	8,40
267	5,13	6,16	7,20	6,54	7,63	8,72
279	5,32	6,40	7,46	6,77	7,90	9,02
292	5,53	6,64	7,74	7,00	8,18	9,34
305	5,73	6,88	8,03	7,25	8,46	9,67
318	5,98	7,12	8,31	7,50	8,75	10,00
343	6,33	7,60	8,86	7,98	9,30	10,63
370	6,76	8,11	9,46	8,48	9,90	11,30
395	7,15	8,58	10,00	8,95	10,45	11,94
420	7,54	9,05	10,56	9,42	11,00	12,56

Rohr-dmr, außen	bei Auftragstärke von mm					
	50			60		
	Grundpreise von 1 qm isolierte Fläche in Mk.					
mm	6	8	10[1]	8	10	12[1]
10						
13						
16,5						
21						
26						
33						
38						
41,5						
44,5	2,72	3,63	4,54			
47,5	2,78	3,71	4,63			
51	2,84	3,80	4,74			
54	2,90	3,87	4,84			
57	2,96	3,95	4,93	4,45	5,56	6,67
60	3,00	4,02	5,02	4,52	5,65	6,78
63,5	3,08	4,11	5,14	4,61	5,76	6,92
70	3,20	4,27	5,34	4,77	5,97	7,17
76	3,31	4,43	5,53	4,90	6,15	7,38
83	3,45	4,60	5,75	5,07	6,37	7,64
89	3,56	4,75	5,95	5,25	6,56	7,87
95	3,68	4,90	6,13	5,40	6,75	8,10
102	3,80	5,07	6,34	5,57	6,97	8,36
108	3,92	5,23	6,53	5,73	7,16	8,60
114	4,03	5,38	6,73	5,88	7,35	8,82
121	4,16	5,56	6,95	6,05	7,58	9,08

[1] Quadratmeterpreis von 20 Pf. für 1 mm Stärke.

Preise von 1 lfd. m Rohr-Isolierung

Rohr-dmr, außen mm	bei Auftragstärke von mm											
	50			60			70			80		
	Grundpreise von 1 qm isolierte Fläche in Mk.											
	6	8	10[1]	8	10	12[1]	10	12	14[1]	12	14	16[1]
127	4,28	5,70	7,13	6,21	7,76	9,31	8,38	10,05	11,73			
133	4,40	5,86	7,32	6,36	7,95	9,54	8,57	10,28	12,00			
140	4,52	6,03	7,54	6,53	8,17	9,80	8,80	10,55	12,31			
146	4,64	6,18	7,73	6,68	8,35	10,02	8,98	10,78	12,57			
152	4,75	6,34	7,92	6,83	8,54	10,25	9,17	11,00	12,84	11,76	13,72	15,68
159	4,88	6,51	8,14	7,00	8,76	10,61	9,39	11,27	13,15	12,03	14,03	16,04
165	5,00	6,66	8,32	7,16	8,95	10,74	9,58	11,50	13,41	12,26	14,30	16,34
171	5,10	6,81	8,51	7,31	9,14	10,97	9,77	11,73	13,58	12,41	14,48	16,55
178	5,24	6,98	8,73	7,50	9,36	11,23	10,0	12,00	14,00	12,77	14,87	17,00
191	5,48	7,31	9,14	7,81	9,77	11,72	10,40	12,48	14,56	13,23	15,43	17,63
203	5,71	7,62	9,52	8,12	10,15	12,20	10,77	12,93	15,08	13,68	15,97	18,24
216	5,95	7,95	9,93	8,44	10,55	12,67	11,18	13,42	15,65	14,16	16,52	18,90
229	6,20	8,24	10,33	8,77	10,96	13,15	11,60	13,91	16,23	14,67	17,11	19,55
241	6,43	8,57	10,71	9,07	11,34	13,61	11,97	14,37	16,76	15,11	17,63	20,15
254	6,67	8,90	11,12	9,40	11,75	14,10	12,38	14,86	17,33	15,60	18,20	20,80
267	6,91	9,23	11,53	9,73	12,16	14,60	12,78	15,34	17,90	16,10	18,78	21,46
279	7,14	9,52	11,90	10,02	12,53	15,04	13,16	15,80	18,43	16,55	19,31	22,07
292	7,38	9,85	12,31	10,35	12,94	15,53	13,57	16,28	19,00	17,05	19,90	22,72
305	7,63	10,18	12,72	10,68	13,35	16,02	13,98	16,78	19,58	17,52	20,45	23,36
318	7,88	10,50	13,13	11,0	13,76	16,51	14,38	17,26	19,74	18,02	21,02	24,02
343	8,34	11,13	13,91	11,63	14,54	17,45	15,17	18,21	21,24	18,97	22,12	25,28
370	8,85	11,81	14,76	12,31	15,40	18,47	16,02	19,22	22,43	20,00	23,32	26,65
395	9,33	12,44	15,55	12,93	16,17	19,41	16,80	20,16	23,52	20,92	24,41	27,90
420	9,80	13,06	16,33	13,56	16,95	20,34	17,60	21,11	24,62	21,86	25,50	29,15

[1] Quadratmeterpreis von 20 Pf. für 1 mm Stärke.

Wird der Quadratmeterpreis ausnahmsweise auf die Oberfläche des nakten Rohres bezogen, so ist der für das Außenmaß eingesetzte Preis im Verhältnis der Umfänge umzurechnen.

Nimmt man als Normalpreis für betriebsfertig gelieferte Isolierung von 50 mm Stärke 10 Mk. für den Quadratmeter an, so kostet 1 qm von 1 mm Stärke $= 1$ cbdcm $= \dfrac{10}{50} = 20$ Pf.

Dieser Ansatz ist selbstverständlich abhängig von Material, Arbeitslohn, Unkosten und Gewinn. Rechnet sich z. B. der qm von 1 mm Stärke $= 1$ cbdcm zu 15 Pf., so kostet 1 qm von 50 mm Stärke $50 \cdot 0{,}15 = 7{,}5$ Mk. usf.

Für das Beispiel Seite 33 würde sich demnach ein Anschlag stellen wie folgt:

50 m Rohrleitung 175 mm Innendmr $= 191$ mm Außendmr,

70 mm Auftragstärke (S. 15) $= 50 \cdot 1{,}04$ . . . . rd. 52   qm

1 Wasserabscheider (S. 24) $=$ 2,1   „

54,1 qm.

Beim Preise von 14 Mk. der qm hätte man: $54{,}1 \cdot 14 = 757{,}40$ Mk. Dazu käme noch der Zuschlag für Isolierung der drei Ventile und der Preis für die 20 Flanschenkapseln.

Der laufende Meter würde bei diesem Preise kosten (s. Preistafel) $= 14{,}56$ Mk.

mithin 50 lfd. m $= 50 \cdot 14{,}56 =$ 728,— Mk.

1 Wasserabscheider $= 2{,}1 \cdot 14 =$ 29,40   „

Zusammen wie vor: 757,40 Mk.

Obgleich die Zahlentafel S. 24 die Oberfläche für nakte Wasserabscheider angibt, kann doch der Wert unbedenklich auch für isolierte Stücke benutzt werden, da bei diesen Deckel oder Boden nicht mit verkleidet wird.

Würde das Angebot für den qm oder lfd. m naktes Rohr verlangt, so wäre der Preis von 14 Mk. mit dem Verhältnis der Umfänge (S. 24) $= 1{,}04 \cdot 0{,}60 = 1{,}73$ zu rechnen. Man müßte also für die Rohrleitung einsetzen $14 \cdot 1{,}73 = 24{,}22$ für den qm und $1{,}73 \cdot 14{,}56 = 25{,}18$ für den lfd. m.

Bei Rohrdurchmessern, für welche die Zahlentafel S. 14—15 nicht ausreicht, benutzt man die Tafel S. 16. Danach rechnet sich die Oberfläche aus dem Beispiel S. 42:

Eine 250 m lange Heißluftleitung von 800 mm Innendmr mit 10 mm Wandstärke soll 70 mm stark isoliert werden.

Der Dmr auf der Isolierung wäre demnach $80 + 2 + 14 = 96$ cm. Hiervon nach S. 16 der Umfang $= 3{,}016$ m $=$ der Fläche von 1 lfd. m. Für 250 m braucht man demnach $250 \cdot 3{,}016 =$ rd. 754 qm Isolierung.

Für Hohlkörper in Gestalt von Kesseldomen, Stirnwänden und Ähnlichem war die Berechnung schon auf S. 13 angegeben.

In den Fällen, wo, wie bei Dampfzylindern, die Isolierung sehr stark, der Unterschied zwischen Innen- und Außenfläche also sehr groß ist, würde man zweckmäßig den mittleren Dmr und den Quadratmeterpreis für 1 mm Stärke $= 1$ cbdcm in Rechnung ziehen.

Wäre z. B. ein solcher Dampfzylinder von 400 mm Außendmr und 1500 mm Länge 200 mm stark zu verkleiden, so würde die Außenfläche der Umhüllung (S. 16) betragen: $2{,}513 \cdot 1{,}5 = 3{,}77$ qm und die Innenfläche $= 1{,}257 \cdot 1{,}5 = 1{,}885$ qm. Man würde also entweder den Preis einrichten oder besser das Mittel aus den beiden Flächen nehmen, also:

$$\frac{3{,}77 + 1{,}88}{2} = 2{,}82 \text{ qm.}$$

Wäre der Quadratmeterpreis wieder 20 Pf für 1 mm Stärke, so hätte man bei 200 mm $= 40$ Mk., also für $2{,}82$ qm $= 2{,}82 \cdot 40 = 112{,}80$ Mk. oder rd. 113 Mk.

Kürzer wird die Rechnung, wenn man gleich für den mittleren Dmr von

$$\frac{40 + 80}{2} = 60 \text{ cm}$$

den Umfang auf S. 16 aufsucht $= 1{,}885$ m und diesen mit der Länge 1,5 vervielfacht. Dann hat man wieder:

$$1{,}88 \cdot 1{,}5 \cdot 40 = 113 \text{ Mark.}$$

Zu demselben Ergebnis muß man durch genaue Rechnung des Inhalts an cbdcm kommen. Der Ringquerschnitt hat $50{,}26 - 12{,}56 = 37{,}70$ qdcm Fläche. Der Inhalt bei 15 dcm Länge ist demnach $37{,}70 \cdot 15 = 565$ cbdcm oder qm von 1 mm Stärke. Beim Preis von 20 Pf. wird die Summe wieder $565 \cdot 0{,}2 = 113$ Mk.

Beim Aufmessen fertiggestellter Isolierungsarbeiten wird der Werkmann (Monteur) derart verfahren, daß er bei Rohren und rohränlichen Körpern aus dem mit dem Bandmaß gemessenen Umfang in Metern und der Länge der Rohre oder Körper in Metern, die Quadratmeterzahl ermittelt. Bei rechteckigen Flächen wird er ebenso verfahren, dagegen bei runden Flächen sich zweckmäßig der Tafel S. 16 bedienen, aus welcher er für jeden Dmr in cm ohne weiteres die entsprechende Fläche in qm ablesen kann.